授業では教えてくれない微積分学

福島竜輝 著

Calculus
that would not be
taught in lectures

森北出版

まえがき

本書は，1変数関数の微積分学を，標準的ではない方法で解説するものです．一つの基本的な執筆方針は，高校までの数学で詳しく説明されずに積み残されている伏線を明確に指摘して，できるだけ回収するということです．それによって，高校までに学んだ数学から自然につながる形で微積分の理論を展開します．そのために，通常は大学の講義では扱わないような内容に踏み込んでいるところや，逆に通常の講義で扱われる内容に触れていないところもあります．このように設計された大学の講義はほとんどないと思いますし，そうしたいと思ってもいろいろな事情で難しいとも思うので，「授業では教えてくれない微積分学」[†1] というタイトルにしました．他書との違いについては，あとがきにもう少し詳しく書いておきました．

本書を手に取る人の中には，大学で教えられる微積分学を学んだことのある人も多いと思うので，そのような方に向けて，少し内容の紹介をします．大学で微積分の講義を受けたり，あるいは独学で微積分の教科書を読むと，高校までの微積分とはかなり違う感じを受けて，そのことに難しさを感じる人は多いようです．実際に聞いたことのある疑問として，

① 実数を十進無限小数の集合だと思って，何がいけないのか？
② 実数の連続性は公理とされているが，証明できないのか？
③ 極限の定義が高校で学んだものと違っているのはなぜか？
④ 対数関数や指数関数の定義が高校で学んだものと違っているのはなぜか？
⑤ 三角関数の定義が高校で学んだものと違っているのはなぜか？
⑥ 中間値の定理は明らかだと思っていたが，証明が必要なのか？
⑦ 積分の定義が高校で学んだものと違っているのはなぜか？

といったものが挙げられます．受けている講義や読んでいる教科書があまり理論に

[†1] 講義と授業は本来は意味が違いますが，最近では区別しないことも多くなりました．筆者の所属する大学でも「授業評価アンケート」という言葉が公式に使われています．

踏み込まない方針の場合は，これらの疑問のいくつかは意味がわからないかもしれませんが，一つか二つでも共感するものがあれば，本書から得るものはあると思います．

本書を読むことで，これらの疑問は以下のように解消されます．まず，高校の数学のように積分を原始関数によって定義すると，かなり身近な応用でさえ困ることを最初に紹介します（⑦）．これがすべての出発点です．そのうえで，どのように定義を変えるのが自然であるかを説明し（リーマン積分の概念），そのためには実数や極限の概念を考え直す必要があることも説明します（③）．実数を十進無限小数の集合だと思うことはとくに問題はないので（①），本書ではその立場を取り，実数の連続性はそれに基づいて証明します（②）．この実数の連続性と見直した極限の概念を組み合わせることで，リーマン積分が広い問題に適用できることが証明できます．さらに，この積分が実は高校で学んだものと多くの場合には一致することも証明します（⑦）．ここまでが微積分の理論の核となる内容です．

その他の疑問はどちらかというと脇道になります．まず中間値の定理に関しては，極限の定義を見直したので，関数の連続性も見直したことになっていて，すると高校の数学の教科書に書かれている「連続関数のグラフは切れ目のない曲線である」という認識が怪しくなってくることを説明します．そうすると，中間値の定理に証明が必要なことは自然にわかると思います（⑥）．指数・対数関数と三角関数については，実数の連続性やリーマン積分を用いて，高校で学んだ定義が数学的に正当化できることを示します（④，⑤）．これは「なぜか？」という問いへの答えにはなりませんが，「変えなくてもよい」という答えを与えているわけです．

ただし，こういう疑問に答えることだけが本書の目的ではないことも強調しておきます．将来の数学に備えるという目的にこだわらなければ，微積分学の基礎理論は高校までの数学を少しアップデートする程度で易しく記述できるということが，最も伝えたいことです．

上に書いたのは，本書の第 1 章から第 5 章までと，付録に書いた内容です．後半の第 6 章から第 9 章は，基礎理論の応用という位置付けです．この部分は内容としては標準的なので，目次から概要がわかると思います．技術的には，積分の基礎理論を先に展開して，それを微分の理論と応用で積極的に使っている点は，やや非標準的かもしれません．

本文中にときどき問題を出しています．Check は，定義や定理の意味を確認する程度のものです．Try は難易度に幅があり，難しいものもあるので，初見では必ずしもできなくてもよいものです．何かが難しいことを説明するときに，簡単にはできないことを自分で確かめてほしいという意図で出していることもあります．いずれにせよ訓練や力試しの意味はなく，取り組むことが本文の理解に役立つものに限っています．だからといって，解けないとその先の理解に支障が出るわけでもないので，あまり深刻に考えずに先に進んでください．

本書の内容について，田崎晴明氏，服部哲弥氏，原隆氏，吉田伸生氏，中島秀太氏は草稿をお読みいただき，有益なコメントや励ましの言葉を下さいました．また筆者の家族からも，内容やスタイルについて助言を受けました．森北出版の福島崇史氏は，担当編集者として本書の出版を通してお世話になりました．ここに挙げた方々のご助力なしには，本書は存在しえなかったと思います．ここに深く感謝いたします．

最後に，本書のサポートページが

https://www.math.tsukuba.ac.jp/~ryoki/book/book.html

にあります．分量の都合で割愛した内容や，出版後に説明不足かもしれないと感じたことの補足ノートなどを公開していますので，合わせてご覧ください．

2024 年 10 月

著者

目　次

第1章　積分について考え直す　1

1.1　積分できない関数①：振り子の周期　2
1.2　積分できない関数②：楕円の周の長さ　3
1.3　曲線の長さを考え直す　5
1.4　積分の定義を考え直す　6
1.5　積分の新しい定義に向けて　9

第2章　実数の概念と数列の収束　11

2.1　実数とは何か　11
2.2　実数列の収束の定義　14
2.3　収束実数列の性質　20
2.4　実数の連続性：書けない極限を作る方法①　25
2.5　ネイピア数の存在証明：実数の連続性の例として　29
2.6　実数の連続性：書けない極限を作る方法②　32

第3章　関数とその連続性　36

3.1　関数とは何か　36
3.2　関数の点での連続性　40
3.3　区間で連続な関数の有界性，一様連続性　44
3.4　関数の極限の定義　48

第4章　積分の定義　52

4.1　区分求積法の問題点　52
4.2　リーマン積分の定義と性質　54

4.3　連続関数のリーマン積分可能性　57
4.4　積分可能性の証明にコーシー列を使った理由　62
4.5　リーマン積分の計算は大変　62

第5章　微分 ①：積分との関係　65

5.1　微分の復習　65
5.2　微分と関数の増減：主張と証明の難しさ　67
5.3　微積分学の基本定理：主張と意義　69
5.4　微積分学の基本定理の証明：積分してから微分する場合　72
5.5　微積分学の基本定理の証明：微分してから積分する場合　74
5.6　平均値の定理を避ける理由　80

第6章　微分 ②：関数の近似　82

6.1　ランダウの記号：無限小の比較　82
6.2　微分と 1 次関数による近似の関係　83
6.3　微分の計算法則と置換積分公式・部分積分公式　85
6.4　テイラーの公式：多項式による近似　92
6.5　テイラーの公式の応用：不定形の極限　96

第7章　具体的な関数の微分・積分　100

7.1　逆三角関数の導入　100
7.2　初等関数の微分　102
7.3　微分の記号に関する注意　105
7.4　テイラーの公式の応用：無限級数への展開　106
7.5　円周率の近似計算　110
7.6　円周率が無理数であることの証明　113

第8章　広義積分　116

8.1　広義積分とは何か　116
8.2　広義積分の使用上の注意　118

8.3 広義積分の絶対収束 120
8.4 広義積分と微積分学の基本定理 126
8.5 振り子の周期の問題の解決 126

第9章 曲線の長さと図形の面積 130

9.1 曲線の長さの定義 130
9.2 曲線の長さの積分表示 131
9.3 円弧の長さと円周率の存在証明 137
9.4 楕円の周の長さの問題の解決 139
9.5 平面図形の面積の定義と積分との関係 140

付録A 実数とその部分集合の性質 146

A.1 実数の四則演算について 146
A.2 ハイネ–ボレルの被覆定理の証明 151

付録B 連続関数の深い性質と応用 154

B.1 連続関数の有界性と一様連続性の証明 154
B.2 置換積分公式再訪 156
B.3 中間値の定理 159
B.4 逆関数の微分定理の証明 161

付録C 三角関数と指数関数の定義 165

C.1 三角関数の定義と性質 165
C.2 指数関数の定義と性質 169

あとがき 177
参考文献 181
索 引 182

第 1 章

積分について考え直す

大学で学ぶ微積分の中で，高校で学んだことと大きく変わることの一つは，積分の捉え方です．そしてそれは大学で学ぶ微積分において，高校で学んだことと違う感じがするほとんどのことにつながっているので，なぜ変わるのかについて簡単に説明することから始めます．

高校の数学の教科書には，「微分して f と一致する関数 F が存在するとき，それを f の不定積分といい，

$$\int f(x)\mathrm{d}x = F(x) + C$$

と書く（C は積分定数）」と定められています．そして定積分は，不定積分の両端での値の差

$$\int_a^b f(x)\mathrm{d}x = F(b) - F(a)$$

として定められます．これを見て，そんな都合のよい F を見つけられなかったらどうしようとか，そもそも存在しなかったらどうしよう，などと不安にならないでしょうか？　これは一般的に逆演算が難しいということに起因していて，たとえば掛け算より割り算のほうが難しく，また二乗するより平方根を求めるほうがずっと難しいのと事情は似ています．

この章では，まず身近な例で，実際に不定積分を求めることが困難な例を二つ紹介します．そのうえで，積分をどのように定義するのがよさそうか説明し，それを本書でどう実行するかの概要を予告します．

1.1 積分できない関数①：振り子の周期

最初の例として，振り子の周期の問題を取り上げてみます（高校で物理を学んでいない人は，議論の流れを見るだけでかまいません）．長さ1のひもの先端に，質量1のおもりが付いている振り子を考えましょう．水平方向を基準として，そこからの振れ角をθとし，水平方向（角度0のところ）でおもりを静かに放すとします．このとき，ひもの長さが1なので，時刻tでのおもりの速度（= 半径 × 角速度）は$\frac{\mathrm{d}\theta}{\mathrm{d}t}(t)$となり，したがって重力加速度を$g$，水平方向を位置エネルギーの基準点とすると，エネルギー保存則から

$$\frac{1}{2}\left(\frac{\mathrm{d}\theta}{\mathrm{d}t}(t)\right)^2 - g\sin\theta(t) = 0$$

となります（図1.1参照）．

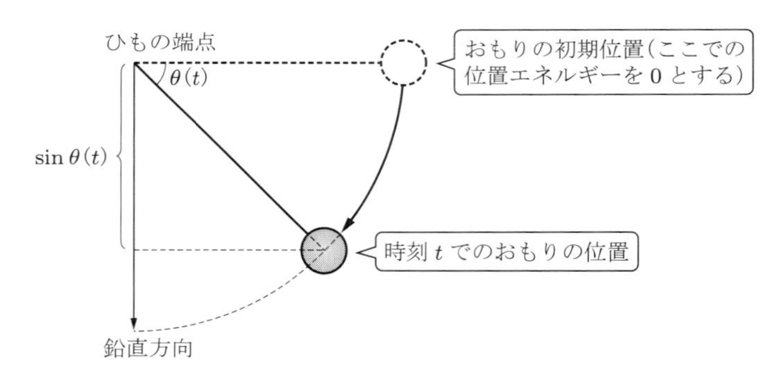

図1.1　ひもの長さが1の振り子の運動を表した図．時刻tでは鉛直方向に$\sin\theta(t)$だけ下がっているので，位置エネルギーは$-g\sin\theta(t)$になっている．

少なくともおもりが鉛直方向に到達するまでは速度は正とするのが自然なので，その間は上の式から

$$\frac{\mathrm{d}\theta}{\mathrm{d}t}(t) = \sqrt{2g\sin\theta(t)}$$

となります．これはθの微分がθで表されていて見慣れない形ですが，「振り子がいつ振れ角θになるか」（つまり逆関数$t(\theta)$）を考えることにすると，逆関数の微分の公式から

$$\frac{\mathrm{d}t}{\mathrm{d}\theta}(\theta) = \frac{1}{\sqrt{2g\sin\theta}}$$

です．したがって逆関数 $t(\theta)$ は，上の右辺の関数の不定積分であるということになります．

すると，たとえばおもりが水平方向から鉛直方向まで到達するのにかかる時間は

$$t\left(\frac{\pi}{2}\right) - t(0) = \int_0^{\pi/2} \frac{1}{\sqrt{2g\sin\theta}}\mathrm{d}\theta \tag{1.1}$$

と表せます．後は

$$F'(\theta) = \frac{1}{\sqrt{2g\sin\theta}}$$

となる関数 F を見つければよいのですが……，残念ながらそのような関数は高校までに学んだ関数の中には存在しません．証明は難しいので述べませんが[†1]，とりあえず置換積分・部分積分などを駆使して求めようとしてみれば，実感としてはわかると思います．これを認めると，式 (1.1) の右辺の積分も存在しないことになります．物理的にはこの時間の 4 倍が振り子の周期になるはずですから，振り子の周期を表すはずの積分が意味をもたない，といっても同じことです．

高校の物理では，振り子の周期は，ひもの長さを L としたとき $T = 2\pi\sqrt{\frac{L}{g}}$ と求められることを学んだかもしれません．しかしその導出では，振れ角 $\theta(t)$ が非常に小さいことを仮定して，$\sin\theta(t)$ を $\theta(t)$ で置き換える近似が使われています．上のように振れ角が小さくないときには，この近似は有効ではないので，ここでは違う結果になっているのです．

1.2　積分できない関数②：楕円の周の長さ

もう一つの例として，楕円の周の長さを考えてみましょう．たとえば，短軸の長さが 1，長軸の長さが 2 の楕円は，xy 平面で $4x^2 + y^2 = 1$ という方程式で表せます．これは，もう少し正確に述べると，

$$\{(x, y) \colon 4x^2 + y^2 = 1\}$$

という集合が上記の楕円になるということです．この図形は図 1.2 のように x 軸と

[†1] たとえば一松信『初等関数の数値計算』（教育出版）の付録 A に書かれています．

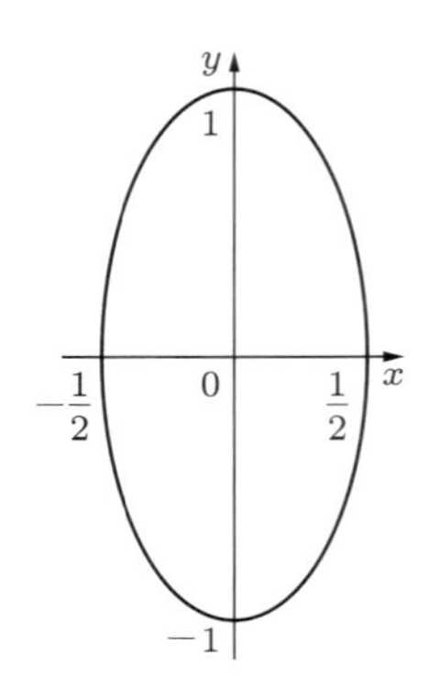

図 1.2　$4x^2 + y^2 = 1$ が表す楕円.

y 軸について対称なので，周の長さを求めるには，とりあえず第一象限に含まれる部分の長さを求めて，後で 4 倍すればよさそうです.

そこで，第一象限で y について解いて $y = \sqrt{1-4x^2}$ とし，曲線の長さの公式を使うと

$$\int_0^{1/2} \sqrt{1+(y')^2}\,\mathrm{d}x = \int_0^{1/2} \sqrt{\frac{1+12x^2}{1-4x^2}}\mathrm{d}x \tag{1.2}$$

と表せます．後は

$$F'(x) = \sqrt{\frac{1+12x^2}{1-4x^2}}$$

となる関数 F を見つければよいのですが……，残念ながらこれも高校までに学んだ関数の中には存在しません[†2]．これも置換積分・部分積分などを駆使して求めようとしてみれば，実感としてはわかると思います．これを認めると，楕円の周の長さを表すはずの式 (1.2) には意味がつかないことになります.

ここで次のような疑問が生じます．高校の数学の教科書では，「$y = f(x)$ のグラフが定める曲線の $a \le x \le b$ の部分の長さは $\int_a^b \sqrt{1+f'(x)^2}\,\mathrm{d}x$ である」と書いてあります．これが定義だとすると，楕円の周の長さは存在しない（= 定義できない）のでしょうか？　それとも長さ自体は存在するけれど，簡単な式では表せないだけなのでしょうか？　楕円のような基本的な図形の周の長さが存在しないのはいかにも奇妙なので，できれば「存在するが簡単には表せない」だけであってほしいところです．そうすると，上の高校で習ったグラフの長さの積分による公式を，そのま

[†2] 前掲の一松信『初等関数の数値計算』（教育出版）の付録 A を参照.

ま定義にするわけにはいかないということになります．

1.3　曲線の長さを考え直す

そこで，曲線の長さの定義を考え直すことにしましょう．微分可能な関数 f に対して $y=f(x)$ のグラフの $a \leq x \leq b$ の部分の長さが

$$L(a,b)=\int_a^b \sqrt{1+f'(x)^2}\mathrm{d}x$$

である理由について，高校の数学の教科書では，$L(a,b)$ を b の関数として微分すると $\sqrt{1+f'(b)^2}$ になりそうだからと説明されていました．これは積分を不定積分の差で定義したから，そういう説明になっていたのです．

ところで，上の式がグラフの長さを表すことは，以下のように説明することもできます．記号を簡単にするために $a=0, b=1$ としましょう．図 1.3 のように x 軸を細かく分割して，$y=f(x)$ のグラフをその上の点をつないだ折れ線で近似します．

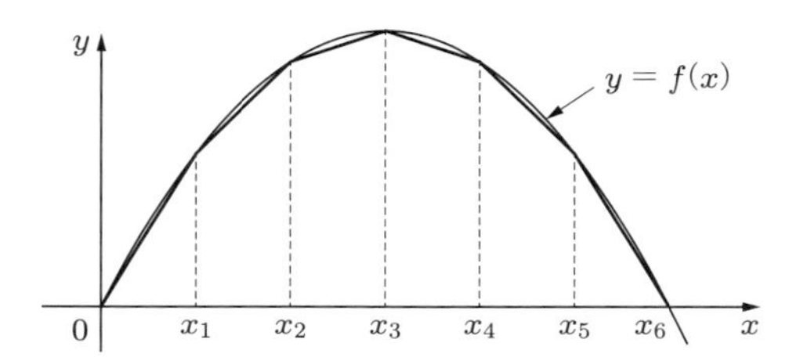

図 1.3　$y=f(x)$ のグラフを折れ線で近似する．

このとき，x_k と x_{k+1} の間の線分の傾きは

$$\frac{f(x_{k+1})-f(x_k)}{x_{k+1}-x_k}$$

なので，分割を細かくすれば $f'(x_k)$ に近いことになります．すると，その部分の線分の長さは，図 1.4 のように近似的に

$$\sqrt{(x_{k+1}-x_k)^2+f'(x_k)^2(x_{k+1}-x_k)^2}=\sqrt{1+f'(x_k)^2}(x_{k+1}-x_k)$$

と計算できます．

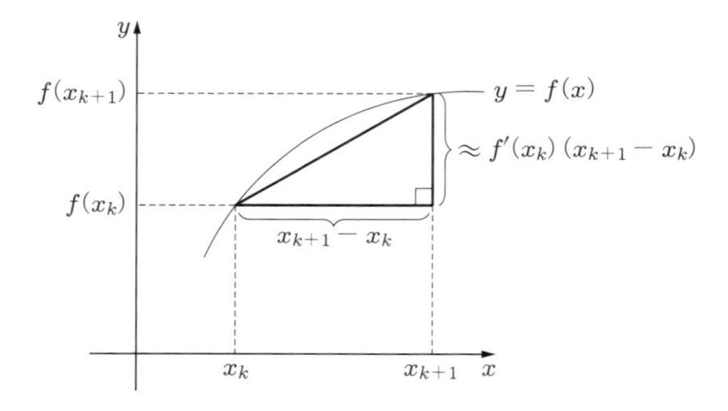

図 1.4　x_k と x_{k+1} の間にできる直角三角形.

したがって，$0 = x_0 < x_1 < \cdots < x_n = 1$ として，グラフの長さは

$$L(a, b) \approx \sum_{k=0}^{n-1} \sqrt{1 + f'(x_k)^2}(x_{k+1} - x_k)$$

と近似できるということになります[†3]．ここで $x_k = \frac{k}{n}$ として，分割を細かくする $n \to \infty$ の極限を取れば，高校の数学で学んだ区分求積法と同じ考え方で，右辺は

$$\lim_{n \to \infty} \sum_{k=0}^{n-1} \sqrt{1 + f'\left(\frac{k}{n}\right)^2} \cdot \frac{1}{n} = \int_0^1 \sqrt{1 + f'(x)^2}\,\mathrm{d}x$$

となりそうです．

1.4　積分の定義を考え直す

結論からいえば，積分は現代的には上の区分求積法の極限（をもう少し整備したもの）を定義にしてしまいます．つまり区分求積法が，不定積分と和の極限を関係付ける定理から，定積分の定義に変わります．一方で，積分が微分の逆演算であることは，定義ではなく定理に変わります（したがって，証明しなければいけません）．このように定義する理由を簡単に説明しておきましょう．

まず，曲線の長さを近似した議論から，区分求積法の形が自然に出てきたことを思い出しましょう．より一般に，自然科学の問題では，区分求積法と同じ「細かく分

[†3] ここで使った "≈" は近似的に等しいという意味ですが，正確な意味は曖昧にしておきたいときに使う記号なので，細かいことは気にしないでください．

けて足し合わせる」という考え方が頻繁に現れます．たとえば 1.1 節の振り子の周期の問題のように，速度 $v(t)$ が時間の関数として連続的に変化するような状況で，ある時刻 T での物体の位置 $x(T)$ を知りたいとしましょう．このとき，時間を細かく分割して $0 = t_0 < t_1 < \cdots < t_n = T$ とし，それぞれの区間では速度はほぼ一定 $(*)$ と考えれば

$$x(T) \approx x(0) + \sum_{k=0}^{n-1} v(t_k)(t_{k+1} - t_k)$$

となります．別の例として，線密度 $d(x)$ が場所によって異なる針金の質量 m を求めようとすれば，やはり細かく分けて，それぞれの区間では密度がほぼ一定 $(*)$ と考えることで

$$m \approx \sum_{k=0}^{n-1} d(x_k)(x_{k+1} - x_k)$$

という近似式が得られます．これらはあくまで近似ですが，分割をどんどん細かくするときに収束するなら，その極限値が真の値と考えられます．このようによく出会う概念に名前を付けようとするのは自然なことで，だから区分求積法の極限を積分と定義しようというわけです．そうすると，上の二つの例はいずれも

$$x(T) = x(0) + \int_0^T v(t)\mathrm{d}t, \quad m = \int_0^l d(x)\mathrm{d}x \quad (l \text{ は針金の長さ})$$

と表すことができます．

一方で，積分の定義が複雑な和の極限になってしまったので，

- いつでも存在（収束）するとは限らないことに注意する必要がある，
- 少なくとも定義からは，計算する方法がすぐにわからない

という問題が生じます．しかし一つ目の存在に関する問題は，そもそも不定積分にもあった問題ですし，さらによいことに新しい定義では

すべての連続関数に対して有限の区間での定積分が存在する

という強い定理が示せます．したがって，とくに $b < \frac{1}{2}$ では

$$\int_0^b \sqrt{\frac{1+12x^2}{1-4x^2}}\mathrm{d}x$$

の存在も保証されるので，1.2 節で議論した楕円の周の長さは何の問題もなく存在することが証明できます．また，1.1 節で議論したような物体の運動の例でも，速度 $v(t)$ がどんなに複雑な関数であっても，連続でありさえすれば，分割を細かくする極限で

$$\sum_{k=0}^{n-1} v(t_k)(t_{k+1}-t_k) \xrightarrow{n\to\infty} \int_0^T v(t)\mathrm{d}t$$

という収束が成り立つことはいえるので，「不定積分が求められないから，物体の位置 $x(T)$ が（数学的には）存在しない」などという不都合なことも起こりません．ちなみに関数が連続という制約は，上の説明における「細かく分けた区間の上ではほぼ一定 $(*)$」に対応していて，不自然なものではありません．

二つ目の計算方法が与えられていない問題ですが，これは新しい積分の定義が，それなりによい状況では高校の教科書のものと同じになるので問題ありません（もしそうでなければ，積分とよばずに別の名前を付けるべきです）．正確に述べると，

$$f\text{ が連続なら，}\int_0^x f(z)\mathrm{d}z\text{ は微分が } f \text{ に一致する関数である}$$

という定理が成り立ちます．ですから，微分の逆演算が可能なときには，いままでどおりそれを使って積分を計算すればよいのです．

このように，区分求積法の極限として定義し直した積分は，多くの場合に高校の数学で学んだ方法で計算できるという利点を保ちつつ，幾何学的・物理的に自然な意味をもち，さらに関数が連続でありさえすれば常に存在が保証される，という非常に都合のよいものになります．

振り子の周期を表す積分 (1.1)と楕円の周の長さを表す積分 (1.2)において，被積分関数が $\theta=0$ と $x=\frac{1}{2}$ でそれぞれ ∞ に発散しており，とくに不連続になっていることが気になる（なっていた）かもしれません．この点は，ここまでに議論してきたことに比べると些細な問題なので，あえて言及していませんでしたが，第8章で「広義積分」という概念を導入して正当化します．

Column　積分は面積か？

高校の数学の教科書では，関数のグラフと x 軸で囲まれる部分の面積が定積分によって求められると書いてあります．この側面は受験数学などでかなり強調されているので，「定積分とは面積のことである」と思っていたり，これを積分の定義にしたらよいのではないかと思ったりする人がいるかもしれません．しかし，これには二つの問題があります．

まず第一に，図形の面積というものが，高校までの数学では（特殊な図形を除いて）定義されていません．積分と面積の関係は，面積がもっていそうな性質と不定積分の関係で説明されています．それはその段階ではそれでよいのですが，積分の定義を不定積分から変えようとするときに，まだ定義されていない面積を使うわけにはいかないのです．

第二に，ここまでに本書で強調したように，積分で求められるのは面積だけではなく，「速度の積分 = 変位」「密度の積分 = 質量」「力の積分 = 仕事」など，ほかにも重要なものが多くあります．ですから，特殊な一例である面積とあまり密着させた認識をもたないほうがよいと思います．

なお，図形の面積を一般的に定義したうえで，グラフと x 軸で囲まれる図形の場合にはそれが積分と一致することは証明できますが，それはけっこう大変なので 9.5 節で扱います．

1.5 積分の新しい定義に向けて

前節のように積分の定義を考え直すとよいことがあるのですが，それは「連続関数の積分の存在」と「連続関数の積分は微分の逆演算」という二つの定理に支えられています．したがって，それらは微積分学の理論において最も重要といってよい二つの定理であり，本書の前半（第 5 章まで）はその証明を目標とします（後半は，それを使って得られる有用な定理の紹介や，その運用にあてます）．

そのためには「実数」「極限」「関数」といった基本的な概念を見直すことを避けて通れないのですが，これを退屈に感じる人が多いので，少し予告的な説明をしておきます．楕円の周の長さを求めようとしたときに出てきた積分

$$\int_0^b \sqrt{\frac{1+12x^2}{1-4x^2}}\mathrm{d}x$$

は，新しい定義では問題なく存在するといいましたが，一方でよく知っている関数では表せないのでした．表し方を知らないものが存在することなど，どうやって証明できるというのでしょう？　高校までの数学では，こういう状況には向き合ってこなかったと思います[†4]．

[†4] 積分以外でも似た状況はあります．たとえば円周率 π やネイピア (Napier) 数 e についても，何らかの性質を満たす数として導入され，「表し方」の議論はしていませんが，存在することは証明せずに仮

積分の新しい定義は区分求積法 $\lim_{n\to\infty}\sum_{k=0}^{n-1} f(\frac{k}{n})\frac{1}{n}$ の類似で与えられると予告しました[†5]．そうすると積分の存在を証明するためには，このように「あらかじめ値のわからないような極限」の存在を保証する手段が必要です．それが次の第2章の目標である「実数の連続性」です．

また，物体の運動の例で出てきた $\int_0^T v(t)\mathrm{d}t$ における速度 $v(t)$ は，典型的にはそれ自体が加速度の積分で定まるものです．したがって，区分求積法の極限として定義された得体の知れない関数をもう一度積分するような操作も考える必要があります．このためには，関数の概念をよく知っている具体例から離れたものに拡大して，その中で連続性などの定義を考え直す必要があります．とくに積分の定義に適した連続性は，高校の数学で学んだものと少し違っていて，それが第3章の目標である「一様連続性の概念」です．

定されています．本書では，e が（実数として）存在することは 2.5 節で，π については 9.3 節で，それぞれ証明を与えます．

[†5] 極限の記号 $\lim_{n\to\infty}$ は $\displaystyle\lim_{n\to\infty}$ と同じ意味です．

第 2 章

実数の概念と数列の収束

前の章で予告したとおり，この章では実数と数列の極限について見直します．その目的は，あらかじめ極限値を知らない数列の収束を保証できるようにすることです．意外と奥の深い話なので難しく感じるところがあるかもしれませんし，逆にすでに知っているからつまらないと感じることもあると思いますが，高校までの数学の伏線回収なども交えて進めていきます．

2.1 実数とは何か

実数とは何でしょうか？　有理数と無理数を合わせたもの？　有理数は分数で表せる数でした．では，無理数とは何でしょうか？　実数のうち有理数でないもの？　何か変ですね．たらい回しにされている気がしてきます．

本書では実数とは，最初に $+$ か $-$ の符号，その後は 0 から 9 までの数字と小数点を並べて

$$\pm a_{(-l)}a_{(-l+1)}\cdots a_{(0)}.\,a_{(1)}a_{(2)}\cdots \quad (\text{ただし，}l\text{ は自然数}) \tag{2.1}$$

と書いたものとします．符号は $+$ のときは書かないこともあります．添字に括弧を付けているのは，後で出てくる実数列の第 n 項を表す記号 a_n との紛らわしさを避けるためです．整数部分の添字が負になっているのを奇異に感じるかもしれませんが，たとえば十の位は小数第 -1 位と思っているわけで，今後の議論では小数部分のほうが重要になることが多いので，そちらを単純な記法にしておきたいからです．同じ理由で，実数 a の整数部分を $[a]$ と書いて，$a = [a].\,a_{(1)}a_{(2)}\cdots$ と書くこともあります．念のためですが，あるところからずっと 0 が続くこともあるので，この表示は有限小数も含んでいて，そのときは 0 ばかり続くところは書かないこともあ

ります．また約束として，あるところからずっと9が続くときは繰り上げたものと同じ，つまり

$$12.345678999\cdots = 12.345679000\cdots$$

とみなすことにします．この約束については，代表例である $0.999\cdots = 1.000\cdots$ を不思議に思う人や，逆に約束しなくても証明できるのではないかと思う人がいるようなので，こう約束する理由を後で何度かに分けて説明します．しかしともかく約束なので，とりあえず受け入れてください．

このように定義した実数について，四則演算をしたり，二つの数の大小関係や距離を考えたりしたい場面が後で出てきます．このうち四則演算については，ある程度は慣れているでしょうし，正確な定義を知らなくてもあまり困ることはないので，高校までの数学でわかっていることにします．たとえば $e+\pi$ の計算をしようとすると，「下の桁から計算する」という規則が適用できず，代わりにどうするかも習っていないはずなので困ると思うのですが，微積分で具体的な無限小数の計算をしてその結果をまた無限小数で書くという場面はないので，四則演算ができることを信じられるなら，心配する必要はありません．どう定義するのかが気になる人は，付録のA.1節に踏み込んだ説明を書いておくので，そちらを見てください．

次に大小関係は単純で，二つの正の実数に対しては

$$a = a_{(-l)}a_{(-l+1)}\cdots a_{(0)}.a_{(1)}a_{(2)}\cdots a_{(k-1)}a_{(k)}\cdots$$

小数点

$$a' = a_{(-l)}a_{(-l+1)}\cdots a_{(0)}.a_{(1)}a_{(2)}\cdots a_{(k-1)}a'_{(k)}\cdots$$

のように，上の位から順に見て初めて異なるのが小数第 k 位としたときに $a_{(k)} < a'_{(k)}$ となっていれば $a < a'$ とします．表示が2通りあるときは，どちらを使っても大小関係は同じになります．負の実数どうしの大小も同様に定められます．後は「正の実数 $>0>$ 負の実数」と約束すれば，すべての実数の大小関係が決まります．この大小関係と四則演算にはいろいろ関係があって，たとえば

$$a<b \text{ かつ } c<d \text{ ならば } a+c<b+d,$$

$$0<a<b \text{ かつ } 0<c<d \text{ ならば } ac<bd$$

などが定義に従って確かめられます．

二つの実数 a, a' の距離については，単純に差の絶対値 $|a - a'|$ で定めます．絶対値に関する次の二つの性質は，よく知っていると思うので証明しませんが，非常に重要で，何度も使う性質です：

$$|a + b| \leq |a| + |b|, \qquad \text{（三角不等式）}$$

$$|ab| = |a||b|. \qquad \text{（斉次性）}$$

これで終わりでもよいのですが，とくに二つの実数が近いということについては，少し実感をもつための説明を加えます．二つの実数 a と a' について，

$$a = a_{(-l)}a_{(-l+1)} \cdots a_{(0)}.\, a_{(1)}a_{(2)} \cdots a_{(k-1)}a_{(k)} \cdots$$

小数点

$$a' = a_{(-l)}a_{(-l+1)} \cdots a_{(0)}.\, a_{(1)}a_{(2)} \cdots a_{(k-1)}a'_{(k)} \cdots$$

のように，初めて異なる桁が小数第 k 位だとすると，これらの間の距離 $|a - a'|$ は 10^{-k+1} 以下であることがわかります．逆に，距離の近い実数は，前からたくさんの桁が一致しているともいえれば単純なのですが，そうとは限らず，

$$|1.0000001 - 0.9999999| = 0.0000002 \tag{2.2}$$

のような反例があります．これはどちらかといえば例外的な状況なので，

二つの実数が近いとは，それらが小数点以下の多くの桁まで一致すること

というイメージをもつのは悪くありませんが，むしろ距離で表した

二つの実数が近いとは，大きな k に対して $|a - a'| \leq 10^{-k}$ となること

が自然でもあり，例外がなく扱いやすいことが段々わかると思います．

最後に，次節以降のために記号を導入しておきます．この節で述べた方法で作った実数をすべて集めてできる集合を $\mathbb{R}$ と書くことにします．たとえば，$a \in \mathbb{R}$ と書いたら「a は実数である」という意味になります．ほかに後で，自然数をすべて集めた集合 $\mathbb{N}$，整数をすべて集めた集合 $\mathbb{Z}$ や有理数をすべて集めた集合 $\mathbb{Q}$ も使います．

Column　「$0.999\cdots = 1.000\cdots$」について①

この等式について，最も基本的な疑問として「見た目が異なる数が同じであってよいのか？」がありますが，それは分数を学んだ時点で $\frac{1}{2}$ と $\frac{2}{4}$ が同じであることをすでに知っているので，目新しいことではありません．また，本文で定めた大小関係によると，$0.999\cdots$ と $1.000\cdots$ が異なっていたとしても，これらの間にはほかの実数が存在しないことが簡単に証明できます．したがって，この二つが異なる実数であるとすると，$0.999\cdots$ と $1.000\cdots$ の間には隙間があることになります．これは小学校以来の，実数が直線に対応するという描像に合いません．実数が直線に対応するという前提を疑う方向性もありえますが，少なくともそういう直観を使って理解してきたことは多いはずなので，その描像は失われないほうが便利です．それが $0.999\cdots = 1.000\cdots$ と約束する一つの理由です．このことは「実数の連続性」とよばれていて，2.4節や2.6節で別の定式化を扱います．それが後で何度も活躍することを見れば，$0.999\cdots = 1.000\cdots$ と約束することの意味が，もっと実感をもってわかると思います．

2.2　実数列の収束の定義

積分を区分求積法の極限として定義することに代表されるように，微積分学を展開するには，実数の四則演算や大小関係に加えて，極限の概念が必要です．この節では実数列 $(a_n)_{n\in\mathbb{N}}$ の極限について考えます．ここで実数列といったら，各 a_n が実数（つまり $a_n \in \mathbb{R}$）ということです．

いくつか実数列の例を挙げましょう．円周率 π を小数第 n 位で打ち切った

$$
\begin{aligned}
a_1 &= 3.100\cdots, \\
a_2 &= 3.14000\cdots, \\
a_3 &= 3.141000\cdots \\
&\vdots
\end{aligned}
$$

は，π を近似する実数列です（式で書くと $a_n = 10^{-n}[10^n\pi]$ です）．これは，初めのほうの位の数は変わらずに，後ろの0がどんどん新しい数字に置き換わっていくという仕組みになっています．これとは違って，

$$
\begin{aligned}
b_1 &= 0.123123123123\cdots, \\
b_2 &= 0.231231231231\cdots, \\
b_3 &= 0.312312312312\cdots \\
&\vdots
\end{aligned}
$$

のように初めのほうの位も変化するような数列もありますし（上の例では，123 が周期的に並んだ無限小数から，小数第 1 位を消して左に詰める操作を繰り返しています），$c_n = (-1)^n$ のように正負を行ったり来たりするものや，$d_n = n$ のように小数点の左側がどんどん伸びていくものもあります．

ここに挙げた四つの数列の中で，高校の数学での収束の説明である

n を限りなく大きくするときに，ある数に限りなく近づく

を満たしそうなのは $(a_n)_{n\in\mathbb{N}}$ だけです．実際，a_n は π と小数第 n 位まで一致しているので，前の節の最後に説明したように，a_n と π の距離は

$$|a_n - \pi| \leq 10^{-n}$$

となっています．これは n を大きくすればどんな正の数より小さくできるので，a_n と π の近さには限りがありません．このとき，$(a_n)_{n\in\mathbb{N}}$ の $n \to \infty$ での極限は π であるといい，$\lim_{n\to\infty} a_n = \pi$ と書くのでした．一方で $(b_n)_{n\in\mathbb{N}}$ については，どんな実数 b をもってきても，もし b_n と b が近ければ b と b_{n+1} は離れてしまいます．実際，たとえば $b_{3n+1} = 0.123\cdots$ なので，$|b_{3n+1} - b| < 0.001$ とすると $0.122 < b < 0.125$ です．このとき，b と $b_{3n+2} = 0.23123\cdots > 0.231$ の間の距離は常に

$$|b - b_{3n+2}| \geq 0.231 - 0.125 = 0.116$$

となってしまいます（図 2.1 も参照）．b が $b_{3n+2} = 0.231\cdots$ や $b_{3n} = 0.312\cdots$ に近い場合も，同様に b_{n+1} は b と離れていることがわかります．つまり $(b_n)_{n\in\mathbb{N}}$ と

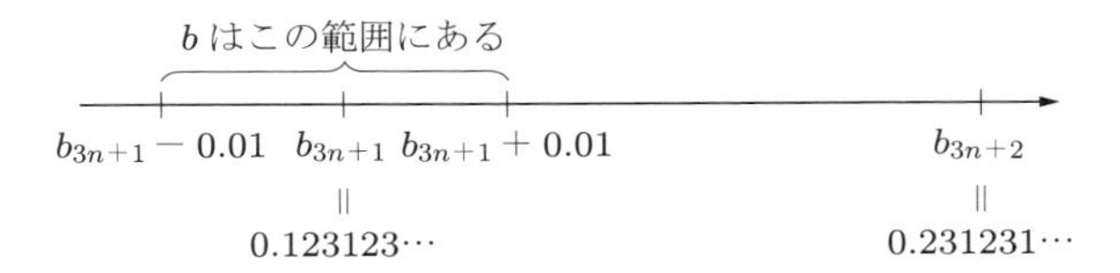

図 2.1　$b_{3n+1} = 0.123\cdots$，$|b_{3n+1} - b| < 0.01$ のとき，b_{3n+2} は b に近くなれない．

いう数列は，b をどこに取っても，n を大きくするときの b への近づき方には限界があるということになります．したがって，この数列はどんな実数 b にも収束しないといえそうです．一つくらいは自分でも手を動かして確かめておくと，理解が深まると思うので，問題にしておきます．

Check　$c_n = (-1)^n$ が収束しないことを，上と同じように説明せよ．

最後の $d_n = n$ も収束しないことが確かめられますが，これはもっと特別な「限りなく大きくなる」という性質をもっています．このときは「$(d_n)_{n\in\mathbb{N}}$ の $n \to \infty$ での極限は ∞ である」といい，$\lim_{n\to\infty} d_n = \infty$ と書くのでした．

さて，これから数列の収束を理論展開に使いやすい形に書き直していくのですが，その前にやや見過ごされやすい点を明確にしておきます．上の Check の例 $c_n = (-1)^n$ について，偶数番目の項だけ見れば 1 に限りなく近づきますが，このとき $(c_n)_{n\in\mathbb{N}}$ が 1 に収束するとはいいません．これを言語化すると，数列 $(a_n)_{n\in\mathbb{N}}$ が a に収束するとは，

a_n が a にいくらでも近づいて，後で離れることはない

あるいは

a_n はあるところから先ではずっと a に近い

となります．これは，いわれてみれば当たり前だと思いますが，言語化しておかないと意識しないので，書いておきます．ともかくこのように認識すると，数列 $(a_n)_{n\in\mathbb{N}}$ が a に収束するとは図 2.2 の左のような状態で，ある一つの（または多くの）n で a_n が a に近いということではなく，あるところから先を見た数列 $(a_N, a_{N+1}, \ldots)$ 全体が a に近いという感じです．

これを念頭に置いて，数列の収束を次のように定義します．

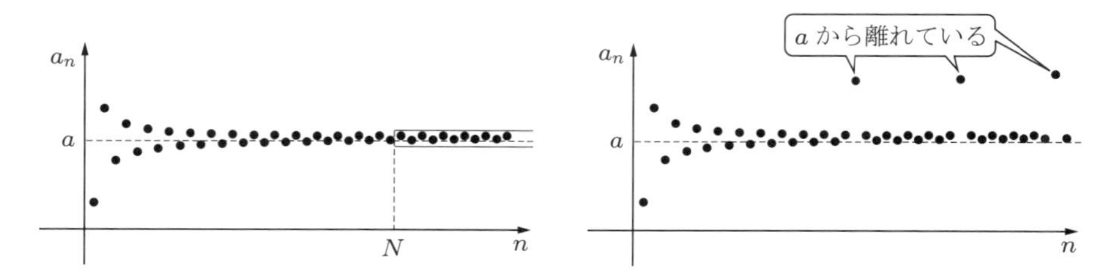

図 2.2　数列が a に収束するとは，左のように，ある N から先のすべての a_n が a に近いこと．右のように，稀にでも離れてしまう値が現れるときは，収束するとはいわない．

定義 2.2.1（感覚重視版） 実数列 $(a_n)_{n\in\mathbb{N}}$ が $n\to\infty$ において $a\in\mathbb{R}$ に収束するとは，どんな大きな $k\in\mathbb{N}$ に対しても，それに応じて $N\in\mathbb{N}$ を十分大きく取れば，

$$\text{すべての } n\geq N \text{ に対して } |a_n-a|<10^{-k}$$

とできることをいう．これが成り立つとき $\lim_{n\to\infty}a_n=a$ と書く．

この定義にはいくつか注意があります．まずしつこいですが，「$<10^{-k}$」は大体「小数点以下 k 桁まで一致」を表し，「すべての $n\geq N$」は「あるところから先ではずっと」を表しているので，これで「小数点以下の桁がどんどん固定されていく」という収束のイメージと合っています．次に，10^{-k} という数は「いくらでも小さくできる」ことを表しているだけなので，この形にこだわらずに 2^{-k}, $\frac{1}{k}$, あるいは $c\cdot 10^{-k}$（c は正の実数）などに取り替えても同じことです．もっと一般化して，

どんな小さな正の数 $\varepsilon>0$ に対しても，それに応じて $N\in\mathbb{N}$ を十分大きく取れば，すべての $n\geq N$ に対して $|a_n-a|<\varepsilon$ とできる

でも同じです．

それから，この節の最初の $a_n=10^{-n}[10^n\pi]$ という例では，N と k はほとんど同じに取れたのですが，一般的には N は数列 $(a_n)_{n\in\mathbb{N}}$ の具体形と k に応じて注意深く選ばなくてはいけません．たとえば $a_n=\frac{1}{\log\log(n+2)}$ で定まる数列を考えてみると，これは $n\to\infty$ において 0 に収束するのですが，

$$\begin{aligned}
a_1 &= 10.632887811\cdots,\\
a_{100} &= 0.6529672003\cdots,\\
a_{10000000} &= 0.3597196566\cdots,\\
a_{1000000000000000000000} &= 0.2578279875\cdots,\\
a_{10^{9567}} &= 0.0999989260\cdots
\end{aligned}$$

のように収束は遅く，$k=1$ に対応する $|a_N-0|<10^{-1}$ を達成するだけでも，N を 10^{9567} くらいに大きく取らなければいけないことになっています．このことを考慮すると，定義 2.2.1 の N は数列 $(a_n)_{n\in\mathbb{N}}$ と「限り」（＝許容する誤差）である 10^{-k} を両方見て初めて決まるので，それを明示して $N((a_n)_{n\in\mathbb{N}},10^{-k})$ と書いたほうが正確です．いつもこう書くのは面倒ですが，正確な書き方のほうがよくわかるとい

う人もいるようです．また，証明を書くときには実際に便利なこともあるので，定義 2.2.1 の言い換えとして正確に述べておきます．ついでに，これまで小さな数の象徴として使ってきた 10^{-k} も，数学において慣習的に小さな数を表す ε に変えておきます．

> **定義 2.2.2**（実用性重視版）　実数列 $(a_n)_{n\in\mathbb{N}}$ が $n \to \infty$ において $a \in \mathbb{R}$ に収束するとは，どんな小さな $\varepsilon > 0$ に対しても，それに応じて $N((a_n)_{n\in\mathbb{N}}, \varepsilon) \in \mathbb{N}$ を十分大きく取れば，
>
> $$\text{すべての } n \geq N((a_n)_{n\in\mathbb{N}}, \varepsilon) \text{ に対して } |a_n - a| < \varepsilon$$
>
> とできることをいう．これが成り立つとき $\lim_{n\to\infty} a_n = a$ と書く．

この定義にはいくつか注意があります．まず，$N((a_n)_{n\in\mathbb{N}}, \varepsilon)$ の $((a_n)_{n\in\mathbb{N}}, \varepsilon)$ は書かないことも多く，本書でも混乱を生じないと思われるときは省略します（つまり，「感覚重視版」と「実用性重視版」の中間を使うことがあります）．次に，定義の中で ε という特定の文字を指定しているように見えますが，「どんな小さな正の数 $\varepsilon > 0$ に対しても，それに応じて」と書いてあるように，これは実際には動くものであり，また動かしてもよいものであると認識してください．たとえば，$(a_n)_{n\in\mathbb{N}}$ が $n \to \infty$ において $a \in \mathbb{R}$ に収束するときには，$\varepsilon > 0$ と a に応じて $N((a_n)_{n\in\mathbb{N}}, \frac{\varepsilon}{2|a|+1})$ を十分大きく取れば，

$$\text{すべての } n \geq N((a_n)_{n\in\mathbb{N}}, \tfrac{\varepsilon}{2|a|+1}) \text{ に対して } |a_n - a| < \tfrac{\varepsilon}{2|a|+1}$$

とすることもできます．また $\varepsilon = 10^{-k}$ とすることもできて，こうすると $(a_n)_{n\in\mathbb{N}}$ が $n \to \infty$ において $a \in \mathbb{R}$ に収束するときには

$$\begin{aligned}
n \geq N((a_n)_{n\in\mathbb{N}}, 10^{-1}) \quad &\Rightarrow \quad |a_n - a| < 10^{-1}, \\
n \geq N((a_n)_{n\in\mathbb{N}}, 10^{-2}) \quad &\Rightarrow \quad |a_n - a| < 10^{-2}, \\
&\vdots \\
n \geq N((a_n)_{n\in\mathbb{N}}, 10^{-k}) \quad &\Rightarrow \quad |a_n - a| < 10^{-k}, \\
&\vdots
\end{aligned}$$

となって，感覚重視版の定義に戻れます．

実数列の収束の定義に至るまでに長々と説明をしましたが，正直なところどこま

で伝わったか，あまり自信がありません．しかし，いますぐにわからないのは普通のことだとも思うので，少し補足をしておきます．読者の皆さんがこの定義をわかりにくいというとき，それはおそらく「自然ではない」といいたいのだと思います．本書では自然に見えるように努力はしましたが，もし不自然に見える場合は，とりあえず気にせず先に進んでください．数学における定義の良し悪しは，自然で受け入れやすいかどうかではなく，それをもとにしてどれだけ面白く有用な理論が展開できるかで決まります．第1章で予告した，すべての連続関数に対して積分が定まって，それが微分の逆演算である，という重要な定理を証明できたときに初めて「こう定義しておいてよかった」と思えればよいのです．

ちょっと乱暴な言い方をすると，こういう定理を証明できるように定義（= ルール）を決め直しているという側面もあります．ただし，野放図に決め直すと，望んでいない不都合な結果が導かれることも多いので，注意深く決め直して歴史の洗礼を受けた定義には，それだけの敬意を払うべきです．

Column 高校までの数学に対する本書の立場

この節の初めで，π を既知のものとして使っています．心配性の人は「π はまだ存在を証明していないのでは？」と思うかもしれませんが，心配はいりません．高校までの数学で認めてきたことは，たとえそのとき証明されていなくても，その気になれば証明できることばかりです．この理由で本書では，高校までに習ったことは，証明する前でも自由に使うという方針を採ります（π の存在は 9.3 節で証明します）．

Column 「$0.999\cdots = 1.000\cdots$」について ②

この節で定義した実数列の収束の定義を使うと，$0.999\cdots$ を小数第 n 位で打ち切った $\sum_{k=1}^{n} 9 \cdot 10^{-k}$ について，

$$\lim_{n\to\infty} \sum_{k=1}^{n} 9 \cdot 10^{-k} = 1.000\cdots,$$

$$\lim_{n\to\infty} \sum_{k=1}^{n} 9 \cdot 10^{-k} = 0.999\cdots$$

の両方が成り立つことが証明できます．これを見ると，$0.999\cdots = 1.000\cdots$ と約束することは，実数列が二つの異なる実数に収束することはないという，当たり前に見えることを保証する役割もあることがわかります．ただし当たり前に見えるからといって，無条件に正しいわけではないので，これで $0.999\cdots = 1.000\cdots$ が証

明できるわけではありません．この約束なしの十進無限小数の全体は，収束先が一つに決まるとは限らない，ちょっと不思議な別世界になります．

2.3 収束実数列の性質

収束する数列の性質は高校でも学んだと思いますが，そのうちの四則演算に対する性質と，「はさみうちの原理」とよばれる性質を思い出しておきます．

定理 2.3.1　実数列 $(a_n)_{n\in\mathbb{N}}$ と $(b_n)_{n\in\mathbb{N}}$ がいずれも収束するなら

(1) $\lim_{n\to\infty}(a_n+b_n)=\lim_{n\to\infty}a_n+\lim_{n\to\infty}b_n$,

(2) $\lim_{n\to\infty}a_nb_n=(\lim_{n\to\infty}a_n)(\lim_{n\to\infty}b_n)$.

さらに，

(3) $\lim_{n\to\infty}b_n\neq 0$ ならば $\lim_{n\to\infty}\frac{a_n}{b_n}=\frac{\lim_{n\to\infty}a_n}{\lim_{n\to\infty}b_n}$.

証明の前に感覚的な説明をします．二つの数列の極限を

$$\lim_{n\to\infty}a_n=a,\quad \lim_{n\to\infty}b_n=b$$

とすると，a_n, b_n の十進数表示は n を大きくするときに a, b にどんどん揃っていく，というのが収束のイメージでした．このときに a_n+b_n の十進数表示も $a+b$ にどんどん揃っていくことは容易に想像できると思います．

これで納得できれば定理の内容はわかったといってもよいのですが，定義は使ってみて初めて意味がわかるということもあるので，定義 2.2.1 の理解を深めたい人のために証明を書いておきます．もう一つの定義 2.2.2 の意味もわかるように，2 通りの証明を書きますが，一つ目がわかればそれで十分です．

［定理 2.3.1 の証明（定義 2.2.1 を使う場合）］　上と同様に

$$\lim_{n\to\infty}a_n=a,\quad \lim_{n\to\infty}b_n=b$$

とします．定義 2.2.1 によると，これはどんな $k\in\mathbb{N}$ に対しても，N をそれに応じて大きく取れば，

$$\text{すべての } n\geq N \text{ で } |a_n-a|<10^{-k},\ |b_n-b|<10^{-k} \tag{2.3}$$

とできるということでした．ここで $(a_n)_{n\in\mathbb{N}}$ に対する N と $(b_n)_{n\in\mathbb{N}}$ に対する N は異なる可能性がありますが，大きいほうを取れば上のことは成り立ちます．ここでは，和と積に関する性質 (1) と (2) だけ証明します．

まず和については，式 (2.3)から，すべての $n \geq N$ で

$$\begin{aligned}|(a_n+b_n)-(a+b)| &\leq |a_n-a|+|b_n-b| \\ &< 2\cdot 10^{-k}\end{aligned}$$

となります．定義 2.2.1 の直後に注意したとおり，余分な 2 があっても，「あるところから先はずっと近い」ことになっているので，$\lim_{n\to\infty}(a_n+b_n)=a+b$ が示せました．

次に積については，まずややトリッキーですが，

$$\begin{aligned}|a_nb_n-ab| &= |a_nb_n-ab_n+ab_n-ab| \\ &\leq |a_nb_n-ab_n|+|ab_n-ab| \\ &= |b_n||a_n-a|+|a||b_n-b|\end{aligned}$$

と変形します．ここで式 (2.3)を使えば，すべての $n \geq N$ で

$$\begin{aligned}|a_nb_n-ab| &< |b_n|10^{-k}+|a|10^{-k} \\ &\leq (|b|+1+|a|)10^{-k}\end{aligned}$$

となります．ここで，$|b_n-b|<10^{-k}$ なら $|b_n| \leq |b|+|b_n-b| \leq |b|+1$ ということを使っています．上と同様に，$|b|+1+|a|$ はあってもなくても収束の定義には影響がないので，$\lim_{n\to\infty} a_nb_n=ab$ が示せました． □

Check 定理 2.3.1 の (3) を証明せよ．

MEMO 上の証明で結論を定義 2.2.1 の形に揃えたいなら，たとえば和の極限の証明では，最初に N を取るときに，式 (2.3)で k を $k+1$ に変えて $|a_n-a|<10^{-k-1}$, $|b_n-b|<10^{-k-1}$ としておきます．こういうことが気になる人には，N と k の依存関係を明確にした次の証明のほうがわかりやすいかもしれません．

[定理 2.3.1 の証明（定義 2.2.2 を使う場合）]　こちらは積の性質 (2) だけ証明します．上と同様に

$$\lim_{n\to\infty} a_n = a, \quad \lim_{n\to\infty} b_n = b$$

とします．このとき定義 2.2.2 によると，証明すべきことは，どんな小さな $\varepsilon > 0$ に対しても，それに応じて $N((a_n b_n)_{n\in\mathbb{N}}, \varepsilon) \in \mathbb{N}$ を十分大きく取れば，

$$\text{すべての } n \geq N((a_n b_n)_{n\in\mathbb{N}}, \varepsilon) \text{ に対して } |a_n b_n - ab| < \varepsilon$$

となることです．このために

$$|a_n b_n - ab| \leq |b_n||a_n - a| + |a||b_n - b| \tag{2.4}$$

と変形し，右辺の各項が $\frac{\varepsilon}{2}$ より小さいことを示します．

まず，第 2 項について考えましょう．$\lim_{n\to\infty} b_n = b$ を定義 2.2.2 に照らすと，$N((b_n)_{n\in\mathbb{N}}, \frac{\varepsilon}{2|a|+1})$ を十分大きく取って

$$\text{すべての } n \geq N((b_n)_{n\in\mathbb{N}}, \tfrac{\varepsilon}{2|a|+1}) \text{ で } |b_n - b| < \tfrac{\varepsilon}{2|a|+1} \tag{2.5}$$

とできて，このとき式 (2.4)の右辺第 2 項は $\frac{\varepsilon}{2}$ より小さくなります．さらに $\varepsilon < 1$ としておけば，式 (2.5)から $|b_n| \leq |b| + |b_n - b| \leq |b| + 1$ です [†1]．

次に，式 (2.4) の右辺第 1 項について考えましょう．$\lim_{n\to\infty} a_n = a$ を定義 2.2.2 に照らすと，$N((a_n)_{n\in\mathbb{N}}, \frac{\varepsilon}{2|b|+2})$ を十分大きく取って

$$\text{すべての } n \geq N((a_n)_{n\in\mathbb{N}}, \tfrac{\varepsilon}{2|b|+2}) \text{ で } |a_n - a| < \tfrac{\varepsilon}{2|b|+2} \tag{2.6}$$

とできます．ここで $|b_n| \leq |b| + 1$ だったので，式 (2.4)の右辺第 1 項も $\frac{\varepsilon}{2}$ より小さくなります．

そこで $N((a_n)_{n\in\mathbb{N}}, \frac{\varepsilon}{2|b|+2})$ と $N((b_n)_{n\in\mathbb{N}}, \frac{\varepsilon}{2|a|+1})$ の大きいほうを $N((a_n b_n)_{n\in\mathbb{N}}, \varepsilon)$ と定めると，すべての $n \geq N((a_n b_n)_{n\in\mathbb{N}}, \varepsilon)$ に対して式 (2.5)と式 (2.6)が両方成り立つので，

$$\begin{aligned}
|a_n b_n - ab| &\leq |b_n||a_n - a| + |a||b_n - b| \\
&< (|b| + 1)\frac{\varepsilon}{2|b| + 2} + |a|\frac{\varepsilon}{2|a| + 1} \\
&< \varepsilon
\end{aligned}$$

となります．これで定義 2.2.2 の条件が確認できたので，$\lim_{n\to\infty} a_n b_n = ab$ が示せました．　□

[†1] 定義 2.2.2 は「どんな小さな $\varepsilon > 0$ に対しても……」なので，ε を小さく制限する分には問題ありません．

この二つ目の証明は，ε という目標に合わせるために，$2|a|+1$ や $2|b|+2$ で割っておく調整が必要です．一方で，最後に定義 2.2.2 の条件がそのまま出てきているおかげで，「2 や $|b|+1+|a|$ はあってもなくても同じ」という定義の拡大解釈をする必要がないので，人によってはこちらのほうがすっきりするようです．

上の証明からもわかるように，定義 2.2.1（または定義 2.2.2）に従って実数列の収束を議論するのは大変です．次の「はさみうちの原理」は，定義を直接確認するのとは違う収束の判定法の中で，とくに有用なものです．

定理 2.3.2（はさみうちの原理） 実数列 $(a_n)_{n\in\mathbb{N}}, (b_n)_{n\in\mathbb{N}}, (c_n)_{n\in\mathbb{N}}$ について，すべての $n\in\mathbb{N}$ において $a_n \le b_n \le c_n$ が成立し，さらに $(a_n)_{n\in\mathbb{N}}$ と $(c_n)_{n\in\mathbb{N}}$ は $n\to\infty$ において同じ極限 a に収束するとする．このとき $\lim_{n\to\infty} b_n = a$ である．

[証明] これは定義 2.2.2 を使って証明しておきます．目標は，どんな小さな $\varepsilon>0$ に対しても，それに応じて $N((b_n)_{n\in\mathbb{N}},\varepsilon)\in\mathbb{N}$ を十分大きく取れば

$$\text{すべての } n \ge N((b_n)_{n\in\mathbb{N}},\varepsilon) \text{ に対して } |b_n-a|<\varepsilon$$

とできることを示すことです．そこで $\varepsilon>0$ を好きなだけ小さく取ります．いま，$\lim_{n\to\infty} a_n = a$ と $\lim_{n\to\infty} c_n = a$ の定義から，$N((a_n)_{n\in\mathbb{N}},\varepsilon)$ と $N((c_n)_{n\in\mathbb{N}},\varepsilon)$ を

$$\text{すべての } n \ge N((a_n)_{n\in\mathbb{N}},\varepsilon) \text{ に対して } |a_n-a|<\varepsilon,$$
$$\text{すべての } n \ge N((c_n)_{n\in\mathbb{N}},\varepsilon) \text{ に対して } |c_n-a|<\varepsilon$$

となるように取ることができて，$N((b_n)_{n\in\mathbb{N}},\varepsilon)$ をそれらの大きいほうとすると，$n\ge N((b_n)_{n\in\mathbb{N}},\varepsilon)$ に対しては上の二つが同時に成り立ちます．このとき，とくに

$$a-\varepsilon < a_n \le b_n \le c_n < a+\varepsilon$$

となっているので，$|b_n-a|<\varepsilon$ となって証明が終わります． □

「はさみうちの原理」は，「定義が複雑な実数列でも，何らかの方法で同じ値に収束する二つの数列で上下から挟むことができれば，その収束がわかる」というものです．これは具体的な問題を解くためというよりは，基礎的な定理を証明するのに役立つことが多く，本書でも後でそういう方向の証明に何度も使います．

Column　数列が「限りなく近づく」値

数列の収束の定義では，$c_n = (-1)^n$ の偶数番目の項だけ見れば 1，奇数番目の項だけ見れば -1 に限りなく近づくのに，収束はしないと決めました．しかし「限りなく近づく」の解釈によっては「1 と -1 を両方極限値とするのが自然では？」と感じる人もいるかもしれません．その考えは間違いというわけではなく，とくにこの状況で 1 と -1 という値に何らかの意味があると考えるのは自然なことです．

実は，数列の項をとびとびに取って（部分列を取るといいます），それがある値（上の例では 1 か -1）に収束するようにできるときに，その値を触点とよんで，それはそれで意味のある概念です．元をたどれば，「限りなく近づく」という表現に「いくらでも近づくことがある」と「あるところから先はずっと近い」の 2 通りの解釈があったわけで，前者を触点，後者を極限値と区別しただけなのです．数学は，言葉の意味を正確に区別して，それによって多様な考え方を受け入れるという性質のある学問です．とはいえ，数学を専門にしない人は触点という用語を知っていて役に立つことはないと思いますし，本書でもこの後に使うことはありません．

Column　証明するのは何のため？①

定理 2.3.1 は，主張は自然に見えるのに証明は意外に長いうえに技巧的なので，わかった気がしないと感じた人が多いと思います．このことから想像されるように，新しい実数列の収束の定義に従って何かを証明するのは一般に大変です．

しかし，こういうことを不安に感じる必要はありません．数学の定義は往々にして，何かを論理的に証明するのには都合のよいようにできていますが，その代償として，感覚的に理解しやすいようにはなっていないのです．ここでは感覚的には正しそうな定理 2.3.1 が，新しい定義 2.2.1（または定義 2.2.2）に従って論証できたことを見て，これらの定義が感覚と違わないことを確かめたのだと思っておけば十分です．

なお，「わかった気がしない」についていえば，証明しようとしていることが簡単すぎるので，新しい定義の必要性が感じられないことも一因だと思います．これは 3.3 節で導入する一様連続性くらいまで進めば自然に解決すると思うので，いまの時点で「わかった」という感覚がなくても心配する必要はありません．

2.4 実数の連続性：書けない極限を作る方法 ①

ここまでで実数の大小や近さ，収束といった概念の準備ができたので，いよいよ本題の「書けない極限を作る方法」に入ります．といっても，そんなに概念的に難しいものではなく，実数の定義からすぐにわかることです．本書では，実数を無限小数の形で表せるものの全体としたことを思い出しましょう．これと実数列の収束の定義を合わせると，

$$
\begin{aligned}
&3.100\cdots, && (\text{一般には } a_{(-l)}a_{(-l+1)}\cdots a_{(0)}.\,a_{(1)}000\cdots)\\
&3.14000\cdots, && (\text{一般には } a_{(-l)}a_{(-l+1)}\cdots a_{(0)}.\,a_{(1)}a_{(2)}000\cdots)\\
&3.141000\cdots, && (\text{一般には } a_{(-l)}a_{(-l+1)}\cdots a_{(0)}.\,a_{(1)}a_{(2)}a_{(3)}000\cdots)\\
&\quad\vdots
\end{aligned}
$$

のように小数点以下がどんどん伸びていくような有限小数の列は，必ずある実数に収束するということになっています．これをもう少し一般化したのが「書けない極限を作る方法」の一つ目です．

まず，少し用語を準備します．上に挙げた例では，最初の項が正ならその後は数列はずっと増加し，一方で（十の位は常に 0 なので）際限なく大きくはなりません．この性質を抽象化して，実数列 $(a_n)_{n\in\mathbb{N}}$ について

- 単調増加であるとは，すべての $n\in\mathbb{N}$ に対して $a_n \le a_{n+1}$ となること，
- 上に有界であるとは，ある $M\in\mathbb{R}$ があって，すべての $n\in\mathbb{N}$ に対して $a_n \le M$ となること（つまり，際限なく大きくならないこと）

と定義します．「単調減少」と「下に有界」も同じように定義します（上の例と同様に，負の数の有限小数での近似を考えるとそうなります）．また，単調増加または単調減少であることをまとめて単調といい，上にも下にも有界であるときに単に有界であるといいます．

MEMO 単調増加は「すべての $n\in\mathbb{N}$ に対して $a_n < a_{n+1}$」のほうが自然だという考え方もあって，そう定義する本もあります．その場合，等号を含めたほうは単調非減少ということが多いようです．本書では等号を含めたほうが頻繁に現れるので，そちらに使い慣れた用語をあてました．等号を除いた場合は狭義単調増加ということにします．

実は，このように抽象化した性質だけで実数列の極限の存在が保証されるというのが，次の定理です．証明は長いものの，基本的な発想は単純です．

> **定理 2.4.1**（実数の連続性 1）　実数列 $(a_n)_{n\in\mathbb{N}}$ が単調増加で上に有界なら，ある実数 a_∞ に収束する．単調減少で下に有界な場合も，同じ結論が成り立つ．

[証明]　証明のポイントは a_∞ を作らなければいけないことです．議論を見通しよくするために，数列は途中から正になると仮定します．いま，$(a_n)_{n\in\mathbb{N}}$ は上に有界なので，すべての $n \in \mathbb{N}$ に対して $a_n \leq M$ となる $M \in \mathbb{R}$ が見つかりますが，上の仮定をおくと $M > 0$ でなくてはいけません．数列の各項は実数なので，無限小数で書かれていることを思い出すと，一例ですが

$$
\begin{aligned}
a_1 &= -10250.876\cdots, \\
a_2 &= \quad -10.231\cdots, \\
a_3 &= \quad +290, \\
&\ \ \vdots \\
a_{100} &= \quad +864.457\cdots, \\
&\ \ \vdots \\
M &= \quad +950
\end{aligned}
$$

（a_n はこの値を超えない）

のようになっています（単調増加という以外には，とくに規則性はありません）．

いま，$n \in \mathbb{N}$ に対して $a_n \leq M$ なので，数列が正になった後では，M の最高位より上の桁が 0 でない数になることはありません．上の例では，a_3 以降で千の位より上に数字は現れないということです．そこで，M の最高位が 10^m の位であるとして，

(1) $(a_n)_{n\in\mathbb{N}}$ の正のものの中で 10^m の位の最大の値を $a_{\infty,(-m)}$ とします．上の例では，もし数列の中に a_{100} の後に百の位が 9 の数が出てこないなら，a_∞ の百の位は 8 にするということです．

(2) 次に，10^m の位が $a_{\infty,(-m)}$ になった後の数列を見て，10^{m-1} の位の最大の値を $a_{\infty,(-m+1)}$ とします．上の例で，a_∞ の百の位が 8 で，a_{100} の後に現れる十の位の最大が 7 なら，a_∞ の十の位も 7 です（a_3 の十の位は 9 ですが，百の位が 2 なので，a_∞ の決め方に関係しません）．

(3) 以下同様に，上からある桁までがそれ以上大きくならないとわかったら，次の桁はその後に出てくる最大の値と定めていきます．

この手続きを繰り返すことで，$a_{\infty,(-m)}, a_{\infty,(-m+1)}, \ldots,$ を順に定めていくことができるので，実数

$$a_{\infty} = a_{\infty,(-m)} a_{\infty,(-m+1)} \cdots a_{\infty,(0)} . a_{\infty,(1)} a_{\infty,(2)} \cdots$$

小数点

を定めることができます．この手続きは文章で書くと難しく見えますが，上の桁から順に固定されていく様子を正確に述べただけです．単調増加で有界な数列 $a_n = \sum_{k=1}^{n} \frac{1}{k!}$ の十進数表示をプログラムを書いてどんどん表示させれば，上の桁から順に決まっていく様子が感じられると思います．

この a_{∞} が，定理の主張のように数列 $(a_n)_{n \in \mathbb{N}}$ の極限であることを証明しましょう．まず，すべての $n \in \mathbb{N}$ に対して $a_n \leq a_{\infty}$ となっていることが，a_{∞} の各桁が最大に取ってあることからわかります．次に，a_{∞} の各桁の数の作り方から，どんなに大きな $k \in \mathbb{N}$ を取っても，最初の $m+k+2$ 桁が

$$a_{N_k} = a_{\infty,(-m)} a_{\infty,(-m+1)} \cdots a_{\infty,(0)} . a_{\infty,(1)} a_{\infty,(2)} \cdots a_{\infty,(k+1)} \cdots$$

小数点

となるような $N_k \in \mathbb{N}$ を見つけることができます（10^m の位が最大値 $a_{\infty,(-m)}$ になるまで待つ，次の位がその後の最大値 $a_{\infty,(-m+1)}$ になるまで待つ，ということを $m+k+2$ 回繰り返すだけです）．ここで，最後の $\cdots$ だけは a_{∞} と同じとは限りませんが，a_{∞} 以下にはなっています．このとき，a_{N_k} と a_{∞} は 10^{-k-1} の位まで一致しているので，

$$0 \leq a_{\infty} - a_{N_k} < 10^{-k}$$

となっています．最後に，$(a_n)_{n \in \mathbb{N}}$ が単調増加だったことを思い出すと，上の不等式は N_k 以上のすべての n に対しても成り立ちます．これで実数列として $\lim_{n \to \infty} a_n = a_{\infty}$ であることが確かめられました．　□

Column　有界性に出てくる M について

上の証明を読んで，「a_n の百の位に 9 が出てこない場合には，$M = 950$ はもっと小さく取り直したほうがよいのでは？」と思う人がいるようです．それはそのとおりなのですが，定理の仮定としてはギリギリではない $M = 950$ でも十分で，そのほうが確かめやすいので便利です（どういうことかは，次の節のネイピア数 e の存在証明を見ればわかります）．一方でギリギリを追求した M には別の名前があって「上限」といいます．これは使いこなせれば便利な概念で，数学を専門的に学んでいく人は使い方も含めて慣れておく必要がありますが，そうでない人には用語が増えることは負担でしかないと思うので，本書では使いません．

Column　実数の連続性は当たり前？

「実数の連続性」という立派なタイトルを付けた定理 2.4.1 ですが，その結果を「当たり前では？」と感じる人が多いようです．まあ証明できているのですから，見方によっては当たり前なのですが，おそらくこのような疑問をもつ人の本音は「証明するまでもないのでは？」というところにあるように思われます．これについて，少し説明を補足しておきます．

まず微積分の本には，実数の連続性を「公理 = 証明しない仮設」として受け入れるという立場を取るものも多いので，上の考えが間違っているわけではありません．ただし注意しなければいけないのは，同じように当たり前に見えることを自己判断で使ってはいけないということです．19 世紀の中頃までは，数学でも当たり前に見えることは証明せずに使う風潮があり，たとえば

- 連続な関数は，有限個の点を除いては微分可能である，
- 連続関数の列 $(f_n)_{n\in\mathbb{N}}$ が関数 f に収束すれば，f も連続である，
- f がすべての点で微分可能ならば $f(1) - f(0) = \int_0^1 f'(x)\mathrm{d}x$ が成立，

などを「定理」としている本がありました．しかし，これらはすべて間違っています．そういう間違いを認識して，何が本当に証明できるかを検討して現代の微積分ができました．定理 2.4.1 はその過程で，その気になれば証明できる「当たり前」であって，しかもそれを使ってほかの有用な定理を導くことができる出発点として，いまの教科書にも残る地位を得たものです．つまりこれは，正しさと有用性の二つの視点で「厳選された当たり前」なのであって，ほかの当たり前に見えるものを安易に持ち込んではいけないのです．

2.5　ネイピア数の存在証明：実数の連続性の例として

前の節の定理 2.4.1 は，数列の収束を極限値をあらかじめ知らずに議論できるという点で，それより前の定義や定理とは本質的に違うものです．このような定理の典型的な使用例として，高校の数学で残された伏線の一つ「ネイピア数 e の存在」を証明してみましょう．高校の数学の教科書では $a_n = (1+\frac{1}{n})^n$ の極限が存在することを証明抜きで認めて，その数を e としていました．それは当然で，高校の数学では結果が既知の数で表せる極限しか扱っていないので，数列の極限として新しい数を作るということはできなかったのです．

MEMO　よく誤解されるので強調しておきますが，高校の数学の教科書で証明をしていないことを批判するつもりはまったくありません．そこではほかに扱うべき内容があるから「その気になれば証明できることを事実として認めた」だけなので，たとえばそれが厳密性を欠いているとか，そういう議論は的外れです．本書でもたとえば自然数の存在は証明していませんが，だから厳密性を欠いていると思う人は少ないでしょうし，そう思うならそういうことが書かれていそうなほかの本で補えばよいのです．

例 2.5.1（ネイピア数 e の存在）　まず，二項定理を使って

$$a_n = \left(1+\frac{1}{n}\right)^n = \sum_{k=0}^{n} \frac{n!}{k!(n-k)!}\left(\frac{1}{n}\right)^k \tag{2.7}$$

と展開します（ただし，$0! = 1$ と約束しておきます）．この第 k 項は

$$\frac{n!}{k!(n-k)!}\left(\frac{1}{n}\right)^k = \frac{1}{k!}\left(\frac{n-1}{n}\right)\left(\frac{n-2}{n}\right)\cdots\left(\frac{n-k+1}{n}\right) \tag{2.8}$$

と表せ，これは k を固定して $n \to \infty$ とすると $\frac{1}{k!}$ に収束します．したがって，「a_n は $n \to \infty$ において $\sum_{k=0}^{\infty} \frac{1}{k!}$ に収束する」と考えるのが妥当です．しかしそれを証明するためには，先に

$$\sum_{k=0}^{\infty} \frac{1}{k!} = \lim_{n\to\infty} \sum_{k=0}^{n} \frac{1}{k!}$$

が存在することを示しておく必要があります．「式で書けているのだから，存在するだろう」と思うかもしれませんが，定義 2.2.1 を見直すと，lim は本当は存在を確認してからしか書いてはいけない記号だったのです．そこで $e_n = \sum_{k=0}^{n} \frac{1}{k!}$ とすると，これは正の数を加えていく数列なので単調増加であって，さらに $k \geq 2$ では $k! \geq 2^{k-1}$ であることに注意すると，

$$e_n < 1 + 1 + \sum_{k=2}^{\infty} \frac{1}{2^{k-1}} = 3$$

なので $(e_n)_{n \in \mathbb{N}}$ は有界です[†2]．したがって定理 2.4.1 が適用できて，その極限として $\sum_{k=0}^{\infty} \frac{1}{k!}$ の存在がいえます．以下，この数を e とします．

後は a_n が同じ値に収束することを示せばよいのですが，これは意外に大変で，その理由は式 (2.7)の和には $k = n$ のように n とともに動く k が含まれていることです．実際，$k = n$ のときに，式 (2.8)が $n \to \infty$ で $\frac{1}{n!}$ に近いとはいえません．この動く k を避けるために，n より小さい M を取って

$$\begin{aligned} |e - a_n| &= \sum_{k=0}^{n} \frac{1}{k!} \left(1 - \left(\frac{n-1}{n}\right)\left(\frac{n-2}{n}\right)\cdots\left(\frac{n-k+1}{n}\right)\right) + \sum_{k=n+1}^{\infty} \frac{1}{k!} \\ &\le \sum_{k=0}^{M} \frac{1}{k!} \left(1 - \left(\frac{n-1}{n}\right)\left(\frac{n-2}{n}\right)\cdots\left(\frac{n-k+1}{n}\right)\right) + \sum_{k=M+1}^{\infty} \frac{1}{k!} \end{aligned}$$

と評価します．この右辺第 2 項は $e - e_M$ なので，これは前半で示したことから，M を大きくすれば 10^{-m-1} より小さくできます．一方で右辺第 1 項は

$$\begin{aligned} &\sum_{k=0}^{M} \frac{1}{k!} \left(1 - \left(\frac{n-1}{n}\right)\left(\frac{n-2}{n}\right)\cdots\left(\frac{n-k+1}{n}\right)\right) \\ &\quad \le M \left(1 - \left(\frac{n-M+1}{n}\right)^M\right) \end{aligned}$$

と評価すれば，これも M を上のように決めておいて，n をそれよりもずっと大きくすれば 10^{-m-1} より小さくできます．これで十分大きなすべての n に対して

$$|e - a_n| \le 10^{-m-1} + 10^{-m-1} < 10^{-m}$$

となることが示せたので，a_n は $n \to \infty$ で e に収束することが示せました．　□

実は，$(a_n)_{n=1}^{\infty}$ が単調増加で有界な数列であることを直接示すことも可能で，それがネイピア数 e の存在の標準的な証明です．上の証明では少し回り道をして e の無限級数表示まで得ましたが，それを使うと，高校の数学の教科書に事実だけ書いてある次の定理の証明ができます．

[†2] ここで前の節の有界性の定義で M がギリギリでなくてもよいおかげで，いい加減な評価で済んでいることがわかると思います．ここでギリギリを目指すと $M = e$ になるはずで，存在を証明しようとしている数を証明の中で使わなくてはいけないという困ったことになります．

定理 2.5.2 ネイピア数 e は無理数である.

［証明］ 上の例で，ネイピア数 e が

$$e = \sum_{k=0}^{\infty} \frac{1}{k!}$$

と表現されることがわかっています．これが無理数であることを証明するために，$e = \frac{p}{q}$（$p, q \in \mathbb{N}$, $q \geq 2$）と表せると仮定しましょう [†3]．すると，いま証明した $e = \sum_{k=0}^{\infty} \frac{1}{k!}$ の両辺に $q!$ をかけることで

$$e \times q! = \sum_{k=0}^{q} \frac{q!}{k!} + \sum_{k=q+1}^{\infty} \frac{q!}{k!} \tag{2.9}$$

となって，この左辺と右辺第 1 項は整数です．一方で右辺第 2 項は，和の各項が

$$\frac{1}{q+1}, \quad \frac{1}{(q+2)(q+1)}, \quad \frac{1}{(q+3)(q+2)(q+1)}, \quad \cdots$$

のようになっているので，

$$\begin{aligned} \sum_{k=q+1}^{\infty} \frac{q!}{k!} &\leq \sum_{j=1}^{\infty} \left(\frac{1}{q+1} \right)^j \\ &= \frac{1}{q} \end{aligned}$$

と評価できます．ここで $q \geq 2$ としていたことを思い出すと，これは 1 より小さく，したがって式 (2.9)の右辺は全体として整数ではありません．これは左辺が整数であったことに矛盾します．これで e が有理数ではありえないことが証明できました． □

Column　証明するのは何のため？②

実数の連続性と収束の定義を使ってネイピア数の存在と無理数性という高校の数学からの伏線が回収できたわけですが，その証明は難しいと感じた人が多いのではないでしょうか．とくに存在の証明で n より小さい M を使う部分は，何度か見直さないと意味がわからないと思います．

しかし心配する必要はありません．こういうことが証明できることを確認するのは，数学に対する安心感や自分の理解への自信，これまでに学んだことが役に立っ

†3 $q \geq 2$ については e が整数でないことは簡単にわかるので，それを使ってもよいのですが，ここでは既約分数ではない表示を使っているのだと思ってもかまいません．

たという充実感などを得るためです．この証明自体はこの後の内容とはほとんど関係ないので，数学を専門にするのでない限りは，自分でできるほどに習熟する必要はないと思います．ネイピア数が無理数であるという事実に関していえば，面白いとは思いますが，そのことが微積分の理論展開で何らかの役割を果たすということはなく，趣味的な内容です．

2.6 実数の連続性：書けない極限を作る方法②

最後に，書けない極限を作る方法をもう一つ紹介しておきます．上に有界な単調増加列の収束は，実数の定義そのものを少し一般化した事実でした．今度は，数列の収束の直観的理解である「小数点以下がどんどん固定されていく」を一般化してみます．

実数列 $(a_n)_{n\in\mathbb{N}}$ について，第 N 項目で小数第 k 位まで決まって，その後はそれより上の位がずっと変わらないときには，

$$\text{すべての } n \geq N \text{ に対して } |a_N - a_n| < 10^{-k}$$

となっています．ここで，N を大きくすれば k もいくらでも大きくできるとすると，この数列は大体「小数点以下がどんどん固定されていく」ような数列になっていることになります．どのように固定されていくか（= 何に収束するか）はわかりませんが，それは書けない極限を作る方法が欲しい立場からはむしろ利点です．そこで，こういう性質をもつ数列に名前を付けます．

定義 2.6.1　実数列 $(a_n)_{n\in\mathbb{N}}$ は，どんな大きな $k \in \mathbb{N}$ に対しても，それに応じて $N \in \mathbb{N}$ を十分大きく取れば

$$\text{すべての } n \geq N \text{ に対して } |a_N - a_n| < 10^{-k}$$

を満たすようにできるとき，コーシー (Cauchy) 列であるという．

この定義も，数列の収束の定義と同じように，「どんな大きな $k \in \mathbb{N}$ に対しても（中略）$< 10^{-k}$」を「どんな小さな $\varepsilon > 0$ に対しても（中略）$< \varepsilon$」に替えても同じことです．この性質をもつ数列は，期待どおり収束極限をもつというのが次の定理です．この定理の証明も長いので，一度読んでアイデアがわかった気になれば，忘

れても問題ありません．

> **定理 2.6.2**（実数の連続性 2）　実数列 $(a_n)_{n\in\mathbb{N}}$ がコーシー列であるならば，ある実数 a_∞ に収束する．

[証明]　これも「単調増加で上に有界な数列は収束する」ことを証明したときと同様に，極限を作るところが問題です．いくつか証明の方法はありますが，ここでは「あるところからずっと 0 か 9 が続くときの例外処理」の仕方を一度は見ておくという趣旨で，無限小数表示に基づく議論をしてみます．

まず，$N_1 < N_2 < N_3 < \cdots$ を

$$\text{すべての } n \geq N_k \text{ に対して } |a_{N_k} - a_n| < 10^{-k}$$

となるように順に取ります．このとき，もし a_{N_k} の小数第 k 位が 0 でも 9 でもないとすると，すべての $n \geq N_k$ に対して

$$a_n > a_{N_k} - 10^{-k} \geq [a_{N_k}].\,a_{N_k,(1)}a_{N_k,(2)}\cdots a_{N_k,(k-1)}000\cdots,$$
$$a_n < a_{N_k} + 10^{-k} \leq [a_{N_k}].\,a_{N_k,(1)}a_{N_k,(2)}\cdots a_{N_k,(k-1)}999\cdots$$

なので，a_n の小数第 $k-1$ 位までは $n \geq N_k$ では変わりません．そこで，この場合には a_∞ の小数第 $k-1$ 位までは a_{N_k} と同じとします．この「a_{N_k} の小数第 k 位が 0 でも 9 でもない」ことが何度でも起きるなら，a_∞ の無限小数表示を上から順に決めていくことができるので，実数として存在することが保証されます．そして，すべての $n \geq N_k$ に対して，a_n と a_∞ は小数第 $k-1$ 位まで一致しているので，$|a_n - a_\infty| \leq 10^{-k+1}$ であることに注意すれば，定義 2.2.1 に従って $\lim_{n\to\infty} a_n = a_\infty$ であることがわかります．

残されているのは，ある $k \in \mathbb{N}$ から先のすべての $a_{N_{k+l}}$ $(l \in \mathbb{N})$ に対して，その小数第 $k+l$ 位が 0 か 9 のときです．この中でさらに場合分けがあって，

$$a_{N_{k+l}} = [a_{N_{k+l}}].\,a_{N_{k+l},(1)}a_{N_{k+l},(2)}\cdots a_{N_{k+l},(k-1)}9\cdots90\cdots$$

小数第 $k+l$ 位

$$a_{N_{k+l}} = [a_{N_{k+l}}].\,a_{N_{k+l},(1)}a_{N_{k+l},(2)}\cdots a_{N_{k+l},(k-1)}0\cdots009\cdots$$

のように，途中で 90 または 09 が現れる場合には，小数第 $k+l-1$ 位までは $a_{N_{k+l}}$ までで決まってしまいます．したがって，こういうことが何度でも起きる場合にも，

上と同じ証明が通用します．結局残されたのは，$a_{N_{k+l}}$ の小数第 k 位から $k+l$ 位までが，すべて 9 であるか，すべて 0 である場合です．まずは a_{N_k} で小数第 $k-1$ 位が 9 ではないとわかっているとします．このとき，$l \in \mathbb{N}$ ごとに小数第 $k+l$ 位まででは

$$a_{N_{k+l}} = [a_{N_k}].\, a_{N_k,(1)} a_{N_k,(2)} \cdots a_{N_k,(k-2)} a_{N_k,(k-1)} 9 \cdots \underset{\text{小数第 } k+l \text{ 位}}{9} \cdots \tag{2.10}$$

の形（小数第 $k+l$ 位以下は何でもよい）であるか，

$$a_{N_{k+l}} = [a_{N_k}].\, a_{N_k,(1)} a_{N_k,(2)} \cdots a_{N_k,(k-2)} (a_{N_k,(k-1)} + 1) 0 \cdots \underset{\text{小数第 } k+l \text{ 位}}{0} \cdots \tag{2.11}$$

の形（小数第 $k+l$ 位以下は何でもよい）であるかのどちらかです．各 $l \in \mathbb{N}$ に対して，式 (2.10) と式 (2.11) のどちらの形かは変わってよいのですが，$a_{N_{k+l}}$ から先では 10^{-k-l} 以上は変動しないという制限があるので，小数第 $k-1$ 位は上のように決まってしまうことに注意しましょう．ここで無限小数表示で 9 が続くときの約束を思い出せば，

$$\begin{aligned} a_\infty &= [a_{N_k}].\, a_{N_k,(1)} a_{N_k,(2)} \cdots a_{N_k,(k-2)} a_{N_k,(k-1)} 999 \cdots \\ &= [a_{N_k}].\, a_{N_k,(1)} a_{N_k,(2)} \cdots a_{N_k,(k-2)} (a_{N_k,(k-1)} + 1) 000 \cdots \end{aligned}$$

と定めることができて，式 (2.10) と式 (2.11) のどちらの形であっても a_∞ に収束します．最後に，どの a_{N_k} まで見ても小数第 $k-1$ 位が 9 に決まっている場合がありますが，このときも整数部分のどこかの桁は 9 でない（たとえば十分上の桁は，ほとんど最初の段階で 0 である）とわかることに注意すれば，議論は上と同じです．これですべての場合に a_∞ を作って，a_n がそれに収束することを証明することができました．　□

MEMO　この定理には，定理 2.4.1 を使う短い証明もあります．たとえば，笠原晧司『微分積分学』（サイエンス社）の定理 1.13 の証明を参照．実数を十進無限小数とみなすことが非効率な場合もあるということです．いまの場合には，式 (2.2) で見たように，十進小数表示は距離と相性が悪いことがその原因です．

ここで証明した「コーシー列は収束する」という定理が「上に有界な単調増加列は収束する」という定理より明らかに優れている点は，それが実数列ではなくベクトルの列に対しても意味をもち，成り立つことです．たとえば 2 次元のベクトル

$\boldsymbol{u} = (u_1, u_2)$ と $\boldsymbol{v} = (v_1, v_2)$ に対して，その大小を考えることは普通はしませんが，その間の距離

$$|\boldsymbol{u} - \boldsymbol{v}| = \sqrt{(u_1 - v_1)^2 + (u_2 - v_2)^2}$$

は慣れ親しんだものです．定義 2.6.1 と定理 2.6.2 において絶対値をこの距離に取り替えても，各座標の差は距離より小さいので結論はそのまま成立し，それは本書の後に学ぶ「多変数の微積分学」の出発点になります．本書でも，連続関数の定積分の存在と微積分学の基本定理を示すところで少し関係することがあるので，再びコメントします．

定理 2.6.2 の重要性はほぼ理論面に限られるのですが，一つくらいは例を見ておきましょう．

例 2.6.3 $\sum_{k=0}^{\infty}(-1)^k \frac{1}{k!}$ が収束して実数を定めることを示しましょう．念のためですが，この無限和の意味は $a_n = \sum_{k=0}^{n}(-1)^k \frac{1}{k!}$ という数列が収束するときの極限です．これは正負の項が交互に足されるので単調ではなく，定理 2.4.1 を使うことはできません．一方で定理 2.6.2 を使うことを考えると，$N \in \mathbb{N}$ と $n > N$ に対して

$$|a_N - a_n| = \left| \sum_{k=N+1}^{n} (-1)^k \frac{1}{k!} \right| \leq \sum_{k=N+1}^{n} \frac{1}{k!}$$

を評価すればよいことになります．ここで，$k \geq 2$ では $k! \geq 2^{k-1}$ だったことを思い出せば

$$|a_N - a_n| \leq \sum_{k=N+1}^{\infty} \frac{1}{2^{k-1}} = \frac{1}{2^{N-1}}$$

なので，$2^{N-1} > 10^k$ となるように N を大きく（たとえば $N = k \log_2 10 + 2$ に）取れば，すべての $n > N$ に対して $|a_N - a_n| < 10^{-k}$ とできることになり，$(a_n)_{n \in \mathbb{N}}$ がコーシー列であることが証明できました．したがって定理 2.6.2 により，$\lim_{n \to \infty} a_n = \sum_{k=0}^{\infty}(-1)^k \frac{1}{k!}$ が収束して実数を定めることがわかりました． □

この例で存在だけ保証された無限和の値は，実は $\frac{1}{e}$ であることが 7.4 節でわかるのですが，いまの時点でそれを証明するのは簡単ではないので，極限がわからないときに収束を保証する定理 2.6.2 を使ってみました．

第 3 章

関数とその連続性

この章では，関数とは何かということと，関数の連続性について見直します．第1章で述べたように，積分したい関数も，積分の結果として現れる関数も，高校までの学習でよく知っている関数の枠組みには収まらない場合を考えたい場面が出てくるので，まずは関数の認識をはっきりさせて舞台の広さが十分かを確認します．その過程で，この舞台にはこれまでには考えたこともなかったような病的な関数も含まれていることがわかります．そこで，関数の全体の中で比較的扱いやすいものを規定する一つの方法として，連続性の概念を見直します．

3.1 関数とは何か

高校の数学では，関数について「x の値を定めると，それに応じて y の値がただ一つ定まるとき，y は x の関数であるという」とされていました．しかし，実際には具体的な式が与えられた関数を相手にする場面がほとんどなので，この定義についてあまり深く考えたことはないかもしれません．そこで，基本的なことから確認していくことにします．

例 3.1.1 実数 x に対して，その平方根は x の関数ではありません．実際，すべての $x > 0$ に対して平方根は $\sqrt{x}$ と $-\sqrt{x}$ の二つがあるので，「ただ一つ定まる」ことになっていません．非負の平方根に限定すれば，$x \geq 0$ に対しては $y = \sqrt{x}$ という関数になります．負の数 $x < 0$ に対しては平方根は虚数になりますが，i を虚数単位として $i\sqrt{|x|}$ と $-i\sqrt{|x|}$ のどちらかを選ぶことに決めておけば，複素数値の関数になります． □

Check 実数 x に対して，それに最も近い整数は x の関数ではないことを確かめよ．どのように限定すれば関数にできるか，少なくとも一つの方法を考え，できた関数のグラフを描け．

上の例 3.1.1 のように，x が動く範囲によって関数の性質が変わることはよくあるので，どの範囲の x を考えているのかを意識することは重要で，それを関数の定義域というのでした．$x=0$ でそもそも定義できない $\frac{1}{x}$ や $\log x$ を考える場合に定義域に注意するのは当然ですが，$\sin x$ のように実数全体で定義された関数でも，定義域を $[-\frac{\pi}{2}, \frac{\pi}{2}]$ とすれば単調増加になる，というような使い方もします．したがって微積分ではほとんどいつでも，関数はその定義域とセットで考えます．

定義 3.1.2 実数の部分集合 $A \subset \mathbb{R}$ に属するすべての $x \in A$ に対して，ただ一つの実数 $f(x)$ が定まっているときに，f は A を定義域とする実数値関数であるという．

先に進む前に，一つだけ記号の注意をしておきます．高校の数学では y が x の関数になっているときに $y=f(x)$ と書いて，「関数 $f(x)$」ということがあったと思いますが，上の定義では「f は……関数である」となっています．これは，

関数とは，x に対して $f(x)$ を対応させる仕組み（ルール，法則）のこと

と認識しているからです．$f(x)$ は関数の x での値であって，関数そのものとは区別します．たとえば，$f=\sin$ のときに $f(\pi)=\sin\pi=0$ は一つの数であって，関数ではありません．文字 x はほとんどいつでも変数を表すのに使うので，高校までの数学では，$f(x)$ と書いたら x を頭の中で変化させて

$$1 \mapsto f(1), \quad 2 \mapsto f(2), \quad \sqrt{3} \mapsto f(\sqrt{3}), \quad -\pi \mapsto f(-\pi), \quad \ldots$$

をすべて知っていると解釈して「関数 $f(x)$」と書いているのだと思います．しかし，すべての実数に対して上のような対応を知っているということは，対応させる仕組み（ルール，法則）を知っているということですから，やはり関数とは対応そのもののことです．「仕組み」に名前を付けるということがイメージしにくければ，図 3.1 のように関数を「入力に対して出力を返すブラックボックス」と見て，f をそのラベルだと思うとよいかもしれません．

記号の注意はこれくらいにして，本題である「定義 3.1.2 がどれくらい広いか」ということを考えます．まずは高校の復習です．

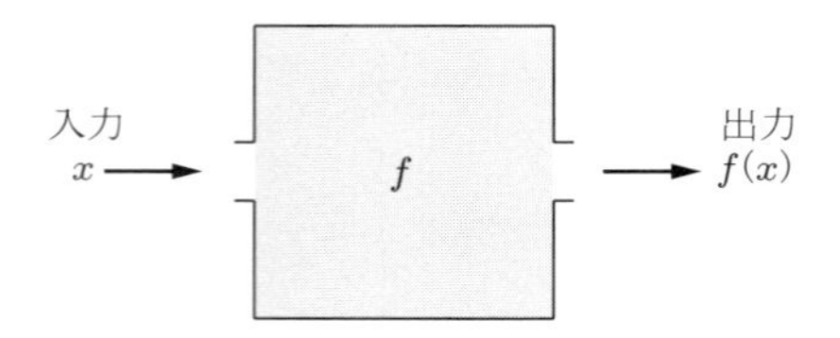

図 3.1　関数のイメージ図．入力と出力の関係を与える仕組み（ルール，法則）が関数 f であって，入力 x に対する出力 $f(x)$ とは区別する．

(1) sin は $\mathbb{R}$ を定義域とする関数,

(2) sin は $[-\frac{\pi}{2}, \frac{\pi}{2}]$ を定義域とする関数,

(3) log は $(0, \infty)$ を定義域とする関数,

(4) $f(x) = \frac{1}{x^2-1}$ で定まる f は ± 1 以外の実数を定義域とする関数

などはよく知っている例です．(1) と (2) の両方がありえること，とくに (2) で可能な限り広い定義域を考えていないのは間違いではないことに注意してください．(4) の「で定まる f」は，上の記号の注意に従って付けています．しかし記号に注意するのはあくまで概念を正しく理解するためなので,「関数」と「関数の値」の区別が認識できたら，いつもここまで細かく気にしなくてかまいません．「関数 x^2」などと書くことを頑なに避けると，いろいろと不便なこともあります．

次に，いくつかの新しい例を見ましょう．

例 3.1.3　関数 f を

$x \in \mathbb{Z}$ では $f(x) = 1$,

$x = \pm[x].x_{(1)}x_{(2)}\cdots x_{(n)}$ $(x_{(n)} \neq 0)$ と表せるときは $f(x) = 10^{-n}$,

x が無限小数でしか表せないときは $f(x) = 0$

と定めると，$\mathbb{R}$ を定義域とする関数になります．これは図 3.2 のように定規の目盛りのようなグラフになるので，定規関数とよぶことにします．念のためですが，有限小数はあるところから 9 ばかりが続く無限小数としても表せるので，定義の 2 行目では「無限小数であるとき」ではなく「無限小数でしか表せないとき」としています． □

例 3.1.4　もっと変動の激しい例として，関数 f を

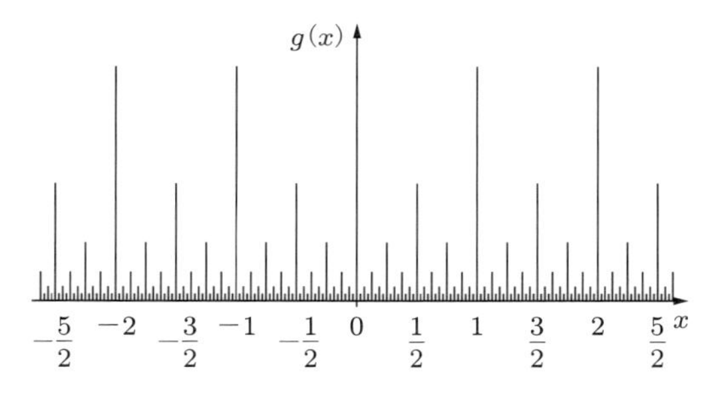

図 3.2 x の二進小数展開が小数第 n 位までの有限小数にできるときに $g(x) = 2^{-n}$ を返す関数のグラフ．本文では「x の十進小数展開が小数第 n 位までの有限小数にできるときに $f(x) = 10^{-n}$ を返す関数」を考えたが，見やすさのために少し違う関数にした．

$$x \text{ が有限小数として表せるときは } f(x) = 1,$$
$$x \text{ が無限小数でしか表せないときは } f(x) = 0$$

と定めても，$\mathbb{R}$ を定義域とする関数になります．これは図 3.2 での定規の目盛りをすべて同じ長さにしたようなグラフをもちますが，すべての有限小数の上に同じ長さの目盛りが立つので，グラフはとても描けません． □

例 3.1.5 区間 $(0,1)$ を $\bigcup_{n=1}^{\infty}[\frac{1}{n+1}, \frac{1}{n})$ と分割して，関数 f を $x \in [\frac{1}{n+1}, \frac{1}{n})$ のときには

$$f(x) = \frac{1}{2n(n+1)} - \left| x - \frac{2n+1}{2n(n+1)} \right|$$

と定めると，これは区間 $(0,1)$ を定義域とする関数になります．この関数のグラフは図 3.3 のように，原点に近づくとどんどん小さくなる三角形を無限に並べたような形状になります．この関数は連続ですが，無限に多くの点で微分不可能になっています． □

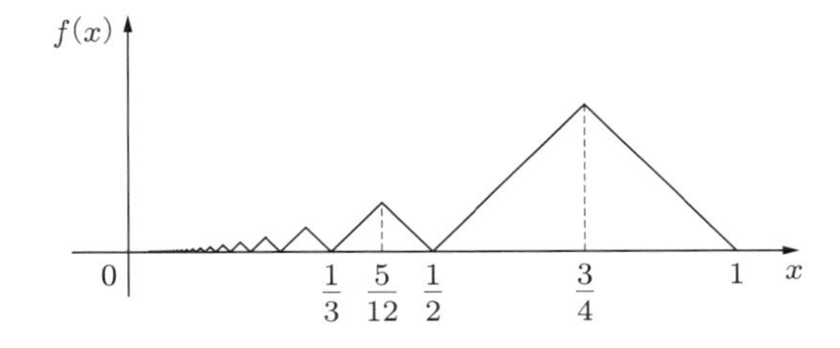

図 3.3 どんどん小さくなる三角形を無限に並べてできるグラフをもつ関数．

ここに挙げた三つの関数は，かなり複雑に見えると思います．しかしともかく，定義域のすべての x に対してただ一つの $f(x)$ が定まっていることは間違いないので，定義 3.1.2 の条件は満たしています．本当はこれらの関数でもまだ単純なほうで，

- $x = 0.x_{(1)}x_{(2)}\cdots x_{(n)}$ と表せるときに，$x_{(1)} + x_{(2)} + \cdots + x_{(n)}$ が素数なら $f(x) = 1$，それ以外のときは $f(x) = 0$,
- $x = 0.x_{(1)}x_{(2)}\cdots$ と表したときに，$\{x_{(n)}\}_{n\in\mathbb{N}}$ が 5 を含まないなら $f(x) = 1$，それ以外のときは $f(x) = 0$,

のように，いくらでも複雑なルールを組み合わせた関数が考えられます．それでもともかく，「すべての x に対してただ一つの $f(x)$ が定まる」という条件さえ満たせば関数であると定義 3.1.2 はいっているわけです．

このように，定義を文字どおりに読んでいるだけだと簡単そうに見えても，気づかないうちに難しい対象を相手にしているということは，数学ではよく起きます．それを認識することが，この節の目的でした．実際のところ微積分が対象にする関数はあまり病的なものではなく，病的な関数を除外する一つの方法がこの後の二つの節で学ぶ連続性なので，ここで見たような複雑な例を怖がる必要はありません．

3.2 関数の点での連続性

関数がある点で連続であることの定義は高校の数学で学んでいると思いますが，まずは数列のときと同様に定義を明確にしてから，その思想的な重要性を説明します．しかしながら，実は点で連続であるだけではいろいろと困ることがあるので，その理由を説明します．微積分で主役になるのは，次の節の「区間での連続性」です．

関数 f が点 $a \in \mathbb{R}$ で連続であるということは，$\lim_{x\to a} f(x) = f(a)$ が成り立つということでした．この極限の意味は，高校の数学では

x が a に限りなく近づくときに，$f(x)$ が $f(a)$ に限りなく近づく

と説明されていましたが，実数列の極限と同様にもう少し明確にしておきます．たとえば $\sin\frac{2\pi}{x}$ のグラフ（図 3.4 参照）を見ると，$x \to 0$ において -1 と 1 の間のすべての値に「限りなく近づいている」といえなくもありません．たとえば，$x_n = \frac{1}{n}$ という数列に沿って 0 に近づくと $\lim_{n\to\infty} f(x_n) = 0$ となりますが，一方で $x'_n = \frac{4}{4n+1}$

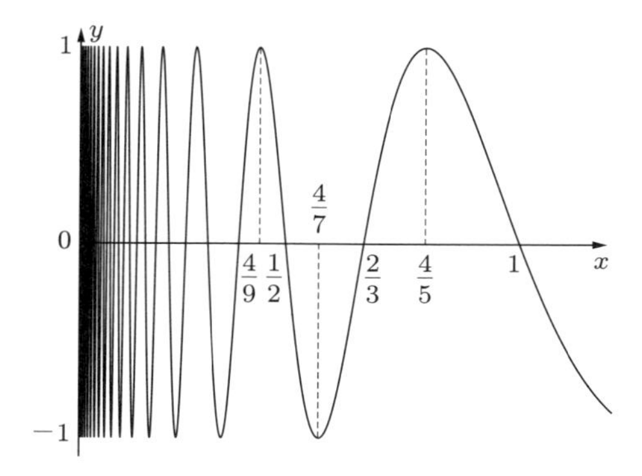

図 3.4 $y=\sin\frac{2\pi}{x}$ のグラフの $x>0$ の部分．x が 0 に近づくとき，関数の値は -1 から 1 までのすべての値に「限りなく近づく」ように見える．

という数列に沿って 0 に近づくと $\lim_{n\to\infty} f(x'_n)=1$ です．

この関数は $x=0$ で定義されていませんが，

$$f(x)=\begin{cases}\sin\dfrac{2\pi}{x}, & x\neq 0,\\ 0, & x=0\end{cases} \tag{3.1}$$

のように人工的に 0 での値を定めることはできます．このとき，f は 0 で連続なのでしょうか．

感覚的にはどちらともいえるように思いますが [†1]，実数列の収束を見直したとき（図 2.2 参照）と同様に，近づいたり離れたりすることは許さないように，

a に収束する**すべての**数列 $(x_n)_{n\in\mathbb{N}}$ に対して，$f(x_n)$ は $f(a)$ に収束する

ときに限って，$f(x)$ が $f(a)$ に収束するとします．したがって，式 (3.1)の関数 f は 0 で不連続です．この定義は「a に収束するすべての数列 $(x_n)_{n\in\mathbb{N}}$」を考えないと確かめられないので，かなりの想像力を要求する欠点がありますが，少し考えると

a に近い**すべての** x に対して，$f(x)$ は $f(a)$ に近い

のような条件と同じであることが想像できます．実際，上の条件が満たされていれば $x_n\to a\ (n\to\infty)$ となるどんな数列もいずれは a に近づくので，$f(x_n)$ も $f(a)$ に近づくということになりますし，逆に満たされなければ a の近くには $f(x)$ が $f(a)$

[†1] 実際，グラフがつながっているかどうかを連続性の基準にするなら，この関数のグラフは数学的には「連結」という意味で「つながっている」ことが証明できます．

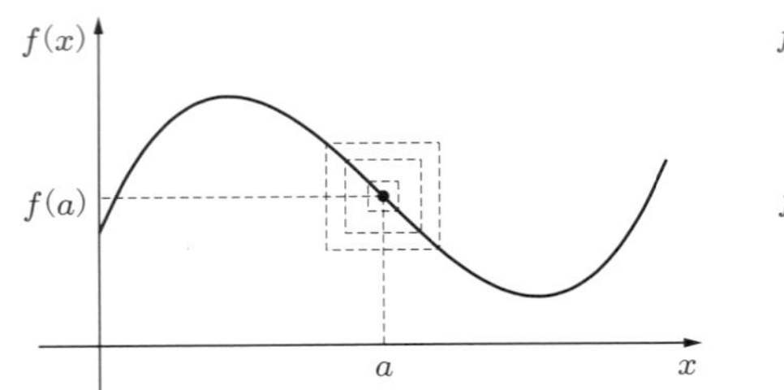

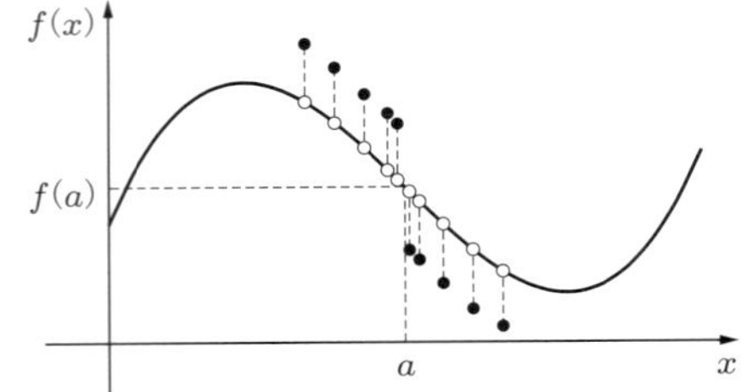

図 3.5　左：a で連続な関数の例．a に近い区間全体で $f(x)$ は $f(a)$ の近くにとどまる（点線で描いた四角形の上下から出ない）．右：不連続な関数の例．関数の値が飛躍している点は有限個しか描いていないが，a のいくらでも近くにあるとする．

に近くないような例外的な x があることになるので，そういう例外点をたどって「$x_n \to a$ $(n \to \infty)$ なのに $f(x_n)$ が $f(a)$ に近づかない数列」が作れそうです（図 3.5 参照）．

そこで，この条件をもう少し正確にして，以下のように定義します．

定義 3.2.1（感覚重視版）　$\mathbb{R}$ 上の関数 f が点 $a \in \mathbb{R}$ において連続であるとは，どんな大きな $k \in \mathbb{N}$ に対しても，それに応じて $N \in \mathbb{N}$ を十分大きく取れば，

$$\text{すべての } x \in (a - 10^{-N}, a + 10^{-N}) \text{ に対して } |f(x) - f(a)| < 10^{-k}$$

とできることをいう．

MEMO　関数の定義域が $\mathbb{R}$ 全体ではないときに，この定義が意味をもつためには，f の定義域が区間 $(a - 10^{-N}, a + 10^{-N})$ を含んでいる必要があります．しかしそれを書くと定義がわかりづらくなり，さらに多くの場合には正確に書かなくても理解に支障はないと思うので，暗黙の了解にします．

これは，実数列では「十分大きなすべての n に対して」だったのを，関数では「a に十分近いすべての x に対して」に変えただけと見ることもできます．もう慣れていればくどいかもしれませんが，念のために説明すると，定義 3.2.1 の意味は，大体

x が小数第 N 位まで a と一致するならば，
$f(x)$ は小数第 k 位まで $f(a)$ と一致する

ということです．

この概念の思想的な重要性を，これまでに学んだ実数や関数の認識と関係させて説明します．実数とは無限小数のように表せるものでしたが，それは見方によっては「永久に書き終わらない数」なので，実用的な計算に使えるものではありません．

さらに工学的な見方をすると，そもそもある物理的な量を実数として確定するためには，無限の精度で測定を行うことが必要で，これも現実的ではありません．このように考えると，実数というのは，あくまで数学の中だけに存在する理想化された対象という気がしてきます．そんな実数に対して展開した数学の理論が実用上役に立つのは，入力に少し誤差があっても出力にはほとんど影響しない場合だけでしょう．上の連続関数の定義がこれを具体的に表したものになっていることは，次のように少し言葉を補ってみればわかります：

a を測ろうと思って得た測定値 x が誤差 $\pm 10^{-N}$ 以内に収まっているなら，
その値を使って計算した $f(x)$ は真の値 $f(a)$ から誤差 $\pm 10^{-k}$ 以内に収まる．

一方で関数概念の広さを確かめたときに出会った病的な関数がどうなっているかも考えてみると，例 3.1.4 の関数では入力 x を小数点以下何桁まで決めても，その先が有限小数で終わるかどうかはわからず，それによって出力の値は大きく変わります．このように「入力のわずかな違いが出力に大きく影響する関数」を不連続というわけです．そういう関数が実用上まったく現れないというわけではないのですが [†2]，とりあえず数学の理論が現実の問題と簡単に結びつくかどうかの分かれ目として，連続関数と不連続関数という線引きがあるということです．

上のような思想的な側面に加えて，定義 3.2.1 には技術的な重要性，とくに「すべての」にこだわったことによる効用もあります．これは，実際に使う場面を見ないとわからないでしょう．4.3 節と 5.4 節において，1.5 節で述べた二つの重要な定理の証明をするときに有効に使われることを予告しておきます．

さて，関数の連続性の重要性を語ったところですが，実は一点での連続性はそれほどよい性質ではありません．たとえば，例 3.1.3 の定規関数は $a = 0.111\cdots$ で連続です．実際，定義から $f(a) = 0$ であり，また $x \in (a - 10^{-k-1}, a + 10^{-k-1})$ となるすべての x に対して，x が無限小数なら $f(x) = 0$ ですし，有限小数だったとしても x の小数第 k 位までは 1 が並ぶので，$f(x)$ も小数第 k 位までは 0 が並ぶ数になります．したがって，いずれにせよ

$$\text{すべての } x \in (a - 10^{-k}, a + 10^{-k}) \text{ に対して } |f(x) - f(a)| < 10^{-k}$$

となっているので，$N = k$ として定義 3.2.1 の条件が満たされています．しかし，

[†2] 水が摂氏 0 度で氷になったり摂氏 100 度で沸騰したりするような相転移は，不連続な物理現象の例です．

この関数のグラフが定規の目盛りのようになっている（図 3.2）ことからも想像されるように，この関数は非常に多くの点（実は，有限小数として表せるすべての x）で不連続です[†3]．関数への入力は完全に正確には決められないという立場から見ると，これでは結局困ることになります．このことを考慮すると，定義域のすべての点で連続であるような関数を考えるのがよいという気がしてきます．それを次の節で扱います．

ところで数列の場合と同様に，定義 3.2.1 の N は関数 f と点 a，および k に応じて決めるものなので，$N(f, a, 10^{-k})$ と書いたほうが正確です．また，小さな数をいつも 10^{-k} や 10^{-N} のように書くのも面倒なので，以下のように ε と δ に置き換えた定義も書いておきます．これは世に出ているほとんどの微積分の本に採用されている定義で，本書でも次の節からはこちらの定義に切り替えていきます．

定義 3.2.2（実用性重視版）　$\mathbb{R}$ 上の関数 f が点 $a \in \mathbb{R}$ において連続であるとは，どんなに小さな $\varepsilon > 0$ に対しても，それに応じて $\delta(f, a, \varepsilon) > 0$ を十分小さく取れば，

$$\text{すべての } x \in (a - \delta, a + \delta) \text{ に対して } |f(x) - f(a)| < \varepsilon$$

とできることをいう．

3.3　区間で連続な関数の有界性，一様連続性

高校までの数学で出会った関数は，$\mathbb{R}$ 上の $f(x) = x$ や $[-\pi, \pi]$ 上の $f(x) = \sin x$ のようにすべての点で連続であるか，あるいは $f(x) = \frac{1}{(x-2)(x-1)}$ のように有限個の点を除いて連続になっていました．後者の例の場合でも，定義域を三つの区間 $(-\infty, 1)$, $(1, 2)$, $(2, \infty)$ に分ければ，それぞれの上では連続です．このように区間の上で連続な関数にはよい性質があり，たとえば高校の数学の教科書に書いてある「連続関数のグラフは切れ目のない曲線になっている」という性質は，区間の上で連続な関数に対してのみ成立します．前の節で見たように，例 3.1.3 の定規関数は $x = 0.111\cdots$ で連続ですが，そこでグラフが切れ目のない曲線になっているとはいえないでしょう．この「連続関数のグラフは切れ目のない曲線になっている」とい

[†3] 一方で，無限小数でしか表せないすべての x で連続であることも証明できます．しかし，この関数はあくまで悪い例として紹介しているだけなので，こういうことをすべて証明することはしません．

う性質は，中間値の定理という形で定式化され，その主張自体は高校の数学でも学んでいると思います．しかし中間値の定理は，本書の当面の目標である連続関数の積分には関係がないので，付録の B.3 節で扱います．

さて，ある区間のすべての点で連続な関数の中でも，$[-\pi,\pi]$ 上の $\sin x$ と $(1,2)$ 上の $\frac{1}{(x-2)(x-1)}$ は少し様子が違っています．まず，$\frac{1}{(x-2)(x-1)}$ は区間 $(1,2)$ の端点に近づくときに $-\infty$ に発散します（図 3.6 参照）．また，すべての $1<x<2$ において連続ではあるものの，1 と 2 に非常に近い x に対しては，入力のわずかな誤差が出力にかなり大きな影響を与えることになっています．この二つの状況は次の章で積分を定義するときに障害になるので，これらを避けるための概念を用意しておきます．

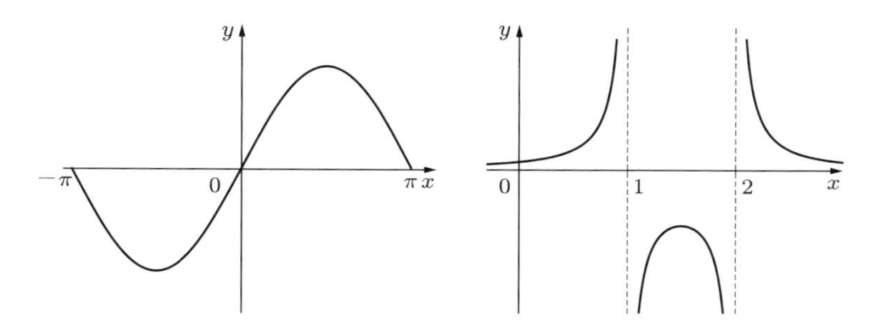

図 3.6　左：$y=\sin x$ のグラフ，右：$y=\frac{1}{(x-2)(x-1)}$ のグラフ．

一つ目の概念は数列の場合と同じ有界性です．これは，関数が際限なく大きくならないことを保証します．

定義 3.3.1　区間 I を定義域とする関数 f が有界であるとは，正の数 $M>0$ を十分大きく取れば

$$\text{すべての } x\in I \text{ に対して } -M\le f(x)\le M$$

とできることをいう．

この定義において，M は x より先に選ばれていることが重要です．実際，x と M を選ぶ順序を変えた

$$\text{すべての } x\in I \text{ に対して } M>0 \text{ を十分大きく取れば } -M\le f(x)\le M$$

は，どんな関数 f に対しても成立する意味のない主張です．たとえば，$f(x) = \frac{1}{(x-2)(x-1)}$ に $x = 1.0001$ を代入すると $f(1.0001) = -\frac{10000}{0.9999}$ という大きな数になりますが，M を後出しで選んでよいなら，$M = 20000$ とすれば上の不等式は満たされます．定義 3.3.1 では M を先に選んで，それに対してどんな x を選んでも $f(x)$ の値が $-M$ から M の間に収まることを要求しています（図 3.7 参照）．たとえば，$f(x) = \frac{1}{(x-2)(x-1)}$ に対して上のように $M = 20000$ としても，その後で $x = 1.00001$ とすると $f(1.00001) < -20000$ となってしまいます．このことから想像されるように，$f(x) = \frac{1}{(x-2)(x-1)}$ は区間 $(1, 2)$ 上で有界ではありません．これは定義に基づいて証明することもできますが，とりあえずは図 3.6 と図 3.7 を比べて納得すれば十分です．一方で，$[-\pi, \pi]$ 上の $f(x) = \sin x$ は，$M = 1$ として定義の要求を満たしているので有界です．

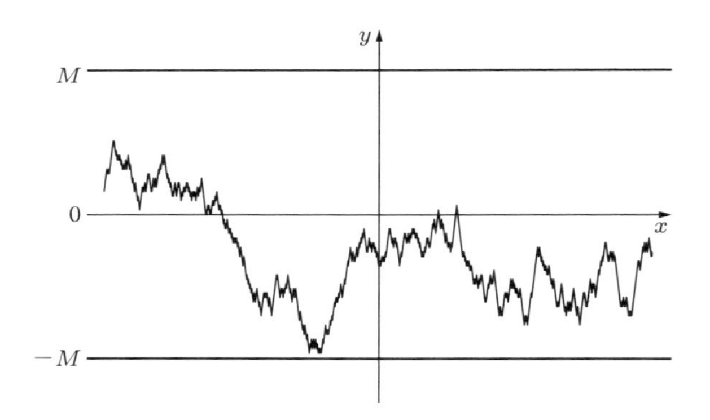

図 3.7　関数が有界であるとは，そのグラフが $y = M$ と $y = -M$ の間に収まるということ．

二つ目の概念は連続性を少し強めたものです．これは，関数の変動が入力の変動幅だけで制御できることを意味します．

定義 3.3.2　区間 I を定義域とする関数 f が一様連続であるとは，どんな小さな $\varepsilon > 0$ に対しても，それに応じて $\delta(f, \varepsilon) > 0$ を十分小さく取れば，

すべての $|x - a| < \delta$ を満たす $x, a \in I$ に対して $|f(x) - f(a)| < \varepsilon$

とできることをいう．

定義 3.2.2 とよく似ていますが，違いは x と a が両方動いてもよく，$\delta(f, \varepsilon)$ がそれ

らに関係なく取れることです（定義 3.2.2 では，a を見てから x の動く範囲 $\delta(f, a, \varepsilon)$ を決めてもよいのでした）．標語的にいえば，点 a での連続性が

固定された a に x が近ければ $f(x)$ は $f(a)$ に近い

だったのに対して，一様連続性は

x と a を両方動かしても，互いの距離さえ近ければ，$f(x)$ と $f(a)$ も近い

となります．

例として，区間 $(1, 2)$ 上の $f(x) = \frac{1}{(x-2)(x-1)}$ を考えてみましょう．この関数は，$a \in (1, 2)$ が動かないなら，どんな小さな $\varepsilon > 0$ に対しても $\delta > 0$ を十分小さくすれば

すべての $x \in (a - \delta, a + \delta)$ に対して $|f(x) - f(a)| < \varepsilon$

とすることができます（図 3.8 参照）．これは，この関数が区間 $(1, 2)$ 上で連続であることを意味します．ところが，考えている点 $a \in (1, 2)$ が区間の端点に近づくと，出力の誤差を一定以内に収めるための入力誤差への制約はどんどん厳しくなっていきます．その結果，「あらかじめ $\delta > 0$ を決めておいて，入力誤差が $|x - a| < \delta$ なら，x と a がどこにあっても出力誤差が $|f(x) - f(a)| < \varepsilon$ を満たす」というようにはできないことがわかります．したがって，この関数は区間 $(1, 2)$ 上で一様連続ではありません．これも定義に基づいて証明できますが，具体的な関数の一様連続性

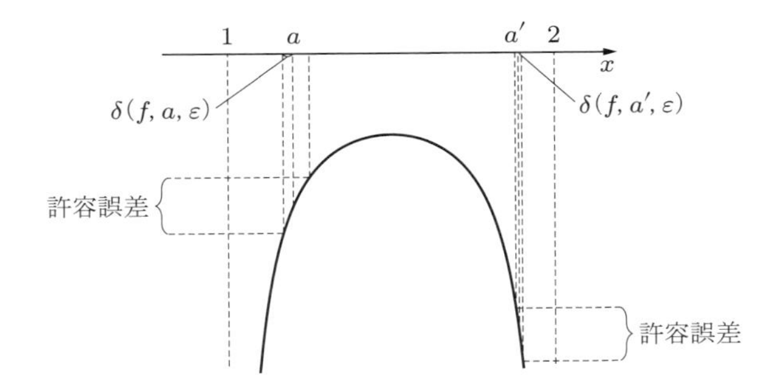

図 3.8 $f(x) = \frac{1}{(x-1)(x-2)}$ のグラフにおいて，$a = 1.2$ と $a' = 1.89$ の近くで出力を許容誤差（定義 3.2.2 における ε）以内に収めるために，入力誤差（定義 3.2.2 における δ）がどれだけ許されるか．どちらの近くでも δ を小さく取れば出力を許容誤差以内に収めることはできるが，a' の近くのほうが δ をずっと小さく取らなくてはならない．

を確かめることは，微積分においてはあまり重要ではないので，ここではしません．

この例では関数が区間の端点で不連続になっていますが，対照的に $[-\pi, \pi]$ 上の $f(x) = \sin x$ のように端点まで連続になっている関数は，より問題を起こしにくそうに見えます．これは実際に正しく，端点まで連続という仮定のもとでは，関数は有界かつ一様連続になります．

> **定理 3.3.3**　区間 $[a, b]$ を定義域とする関数 f がそのすべての点で連続であるならば，f は有界であり，さらに一様連続でもある．

この定理の証明は少し準備が必要で難しいので，付録の B.1 節に回します．とりあえずは，端点を含む $[0, 1]$ のような区間の上の連続関数で有界でないものを作ろうとしてみれば，定理が成り立ちそうなことは感じられると思います．

一様連続性の概念は，前の有界性と比べると少し難しいと思いますので，付き合い方を書いておきます．まず，正の実数に対して定義された関数

$$\sin x, \quad \sqrt{x}, \quad x^2, \quad \sin\frac{1}{x}$$

について，最初の二つは一様連続で，後の二つは一様連続でないことがわかれば，感覚はよく理解できていると思います．次に，この概念が何の役に立つかというと，次の章で連続関数の積分が定義できることの証明に使います（ほかにも使い道はありますが）．ですから，とりあえずそこまで進んでみて，必要ならここに戻ってくればよいと思います．

3.4　関数の極限の定義

この節では，後で使うために関数の極限に関する用語を定義します．関数の連続性の定義 3.2.1（または定義 3.2.2）は，$\lim_{x \to a} f(x) = f(a)$ ということを主張しているように見えます．しかし，$\lim_{x \to a} f(x)$ そのものはまだ定義していないので，その時点でそう書くことはできなかったのです．数列の場合と対比していえば，関数の場合には $f(a)$ という値に特別な意味があるので，行き先まで指定して「$f(x)$ が $f(a)$ に近づく」ことだけを定義して，それを連続とよんだわけです．関数が連続とは限らないときや，微分を考えるときには，$\lim_{x \to a} f(x)$ が $f(a)$ とは無関係に考えられたほうが便利なので，ここであらためて定義しておきます．ついでに，片側か

らの極限も導入しておきます．

定義 3.4.1 $\mathbb{R}$ 上の関数 f が $x \to a$ において b に収束するとは，どんなに小さな $\varepsilon > 0$ に対しても，それに応じて $\delta(f, a, \varepsilon) > 0$ を十分小さく取れば，

$$\text{すべての } 0 < |x - a| < \delta \text{ を満たす } x \text{ に対して } |f(x) - b| < \varepsilon$$

とできることをいう．このとき，b を $\lim_{x \to a} f(x)$ と書く．同様に，

$$\text{すべての } a < x < a + \delta \text{ を満たす } x \text{ に対して } |f(x) - b| < \varepsilon$$

とできるとき b を $\lim_{x \to a+} f(x)$，また

$$\text{すべての } a - \delta < x < a \text{ を満たす } x \text{ に対して } |f(x) - b| < \varepsilon$$

とできるとき b を $\lim_{x \to a-} f(x)$ と書く．

この定義の中で $0 < |x - a|$ としているのは $x \neq a$ としたいからです．これは，たとえば微分を考えるために

$$\lim_{h \to 0} \frac{f(x + h) - f(x)}{h}$$

と書いたときに $h \neq 0$ としておかないと，0 で割るという定義されていない演算が現れて困るからです．ただしこのような場合に $h = 0$ を除外しなければいけないのは明らかなので，定義で除外されていたことを忘れて問題になることはほとんどないと思います．

次に，「除外ルール」が結果に影響する例を一応挙げておきます．

例 3.4.2 関数 f を

$$f(x) = \begin{cases} 1, & x < 0, \\ 0, & x = 0, \\ 1, & x > 0 \end{cases}$$

で定義すると，$x = 0$ 以外では常に 1 なので，

$$\lim_{x \to 0} f(x) = \lim_{x \to 0+} f(x) = \lim_{x \to 0-} f(x) = 1$$

です．とくに $x = 0$ での値は，どの極限にも関係していないことに注意してくださ

い．この例では $x=0$ を除外する明らかな理由はありませんが，極限の定義で $x=0$ を許すと $\lim_{x\to 0} f(x)$ は存在しないことになります．□

ただし，これは人工的な例であって，この例のために極限の定義で $x=a$ を除外していたことを覚えておくことが重要とはいえません．この関数は不連続ですが，$x=0$ での値を 1 に取り替えれば連続にすることができて，そうすれば極限の定義で $x=0$ を含めても結果は変わりません．より一般に，$\lim_{x\to a} f(x)$ が存在するときには，$x=a$ での値をそれに取り替えることで f をその点で連続にすることができます．

一方で次の例が示すように，$x=a$ を除外した定義で $\lim_{x\to a} f(x)$ が存在しないときには，f をその点で連続になるようにすることはできません．

例 3.4.3 関数 f を

$$f(x)=\begin{cases}\sin\dfrac{2\pi}{x}, & x\neq 0,\\[2ex] 0, & x=0\end{cases}$$

で定めると，$f(\frac{1}{n})=0$，$f(\frac{4}{4n+1})=1$ なので，区間 $(0,\delta)$ 全体である値に近いということはなく，$\lim_{x\to a} f(x)$ は存在しません．この f は，$x=0$ での値をどのように取り替えても連続にすることはできません．□

除外点に関する注意はこれくらいにして，別の極限として変数が限りなく大きくなる極限も定義しておきましょう．これは，いくつかの例と，第 8 章で広義積分というものを考えるときに使うくらいです．

定義 3.4.4 $\mathbb{R}$ 上の関数 f が $x\to\infty$ において $y\in\mathbb{R}$ に収束するとは，どんな小さな $\varepsilon>0$ に対しても，それに応じて $N\in\mathbb{N}$ を十分大きく取れば，

$$\text{すべての } x\geq N \text{ に対して } |f(x)-y|<\varepsilon$$

とできることをいう．これが成り立つとき $\lim_{x\to\infty} f(x)=y$ と書く．同様に，$x\to-\infty$ の極限 $\lim_{x\to-\infty} f(x)=y$ も定める．

このように定義した関数の極限の性質を述べます．まず，定理 2.3.1 で述べた数列の極限の性質は，関数の極限に対してもそのまま成り立ちます．

定理 3.4.5　$\mathbb{R}$ 上の関数 f と g が $x \to a$ においていずれも収束するなら

(1) $\lim_{x\to a}(f(x)+g(x)) = \lim_{x\to a} f(x) + \lim_{x\to a} g(x)$,

(2) $\lim_{x\to a} f(x)g(x) = (\lim_{x\to a} f(x))(\lim_{x\to a} g(x))$.

さらに,

(3) $\lim_{x\to a} g(x) \neq 0$ ならば $\lim_{x\to a} \frac{f(x)}{g(x)} = \frac{\lim_{x\to a} f(x)}{\lim_{x\to a} g(x)}$.

これらの性質は，片側からの極限に対しても成り立つ．

証明は，数列のときに n を大きく取っていたところを，x を a に近く取るように変えるだけなので，繰り返しません．

次に，はさみうちの原理についても，数列とまったく同様に証明することができます．この性質も，片側からの極限に対しても成り立ちますが，定理としては通常の極限の場合だけを書いておきます．

定理 3.4.6（はさみうちの原理）　$\mathbb{R}$ 上の関数 f, g, h について，すべての $x \in \mathbb{R}$ において $f(x) \leq g(x) \leq h(x)$ が成立し，f と h が $x \to a$ においていずれも同じ極限 y に収束するとする．このとき $\lim_{x\to a} g(x) = y$ である．

MEMO　この節では，関数の極限の性質を $\mathbb{R}$ 上で定義された関数に対して述べましたが，実際には $x \to a$ の極限を考えるなら，関数は a の近くで定義されているだけで十分です．後で関数の極限の性質を使うときには，必ずしも $\mathbb{R}$ 全体で定義されていない関数に適用することもあります．

ともかく，この節で導入した関数の極限の定義を使うと，関数 f が点 $a \in \mathbb{R}$ で連続であることは「$\lim_{x\to a} f(x) = f(a)$」と短く表現できます．また定理 3.4.5 により，連続関数の和・積・商は（分母が 0 に収束する場合を除いて）また連続関数になることもわかります．

第 4 章

積分の定義

この章では，これまでに準備したことを使って積分の定義を与えます．そしてその定義のもとで，積分が当然もっているべき性質や，当初からの目標だった連続関数の積分が定義できることを証明します．

実は現代の数学では積分の定義にもいくつかの方法があって，本書で紹介するのはリーマン (Riemann) による定義なので，それを明確にしたいときはリーマン積分とよびます．これは定義が感覚的にわかりやすく，しかも実用上は十分広い範囲の関数の積分を考えることができるので，大学の 1 年次で学ぶ積分として標準的なものになっています．ほかの積分の定義は，数学を専門にする人は大学の 3 年次以降で学ぶことになります．

ところで「積分を考えることができる」といいましたが，裏を返せば，積分を考えられない関数があるということです．第 1 章で述べたように積分をある種の極限として定義しようとしていることを思い出すと，存在しない場合があるのは当然のことですが，「どんな関数が積分可能か」も問題にしていることを意識しておくと，この章の議論の意味がわかりやすいと思います．

4.1 区分求積法の問題点

第 1 章では，積分を，区分求積法の考え方を少し整備して定義すると予告しました．まず，高校の数学での区分求積法を思い出しておくと，区間 $[a, b]$ 上で連続な関数 f に対して

$$\lim_{n\to\infty}\sum_{k=0}^{n-1} f\left(a+\frac{k}{n}(b-a)\right)\frac{b-a}{n}=\int_a^b f(x)\mathrm{d}x \tag{4.1}$$

が成り立つというものでした．その根拠は，関数 f のグラフと x 軸で囲まれる図形の面積が，一方では定積分で求められ，他方では図 4.1 のように区間 $[a,b]$ を n 等分してできる，横幅が $\frac{b-a}{n}$，高さが $f(a+\frac{k}{n}(b-a))$ の長方形の面積の和で近似できることとされています．ここで式 (4.1)では，右辺は不定積分の端点での差として定義されています．

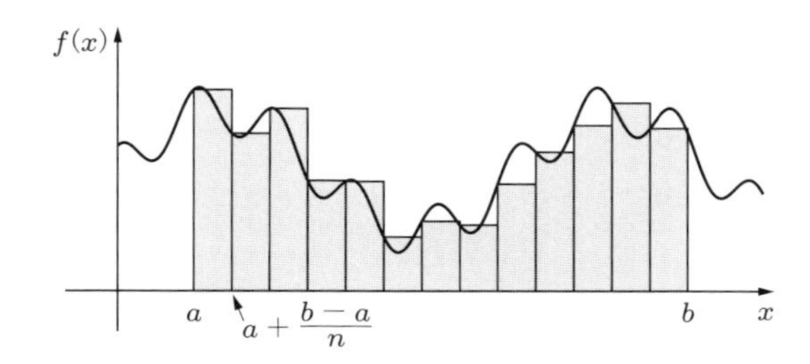

図 4.1　区分求積法の考え方．横の分割を細かくすれば，長方形の面積の和がグラフの下の部分の面積に近づくと考える．

しかし，定積分をそう定義するのは好ましくなく，「細かく分けて足し合わせる」という考え方が重要であるというのが本書の出発点でした．そこで，式 (4.1)を積分の定義にするという方針で考えます．ただし，右辺の極限が存在しないときは積分も存在しないとします（どんな関数に対して積分が定義できるかも問題だったことを思い出しましょう）．残念ながら，この単純な定式化にはいくつか問題があって，修正が必要になります．その一つは，例 3.1.4 とよく似たやや病的な関数を考えることで明らかになります．

例 4.1.1　$\mathbb{R}$ 上の関数 f を

$$1_{\mathbb{Q}}(x)=\begin{cases}1, & x \text{ が有理数のとき,}\\ 0, & x \text{ が無理数のとき}\end{cases}$$

で定めると，区分求積法をそのまま定義にした積分では $\int_0^1 1_{\mathbb{Q}}(x)\mathrm{d}x = 1$, $\int_0^e 1_{\mathbb{Q}}(x)\mathrm{d}x=0$ となります．実際，$\frac{k}{n}$ は有理数なので

$$\int_0^1 1_{\mathbb{Q}}(x)\mathrm{d}x=\lim_{n\to\infty}\sum_{k=0}^{n-1}1_{\mathbb{Q}}\left(\frac{k}{n}\right)\frac{1}{n}=\lim_{n\to\infty}\sum_{k=0}^{n-1}1\cdot\frac{1}{n}=1$$

ですが，$k\neq 0$ では $\frac{k}{n}e$ は無理数なので

$$\int_0^e 1_{\mathbb{Q}}(x)\mathrm{d}x = \lim_{n\to\infty}\sum_{k=0}^{n-1} 1_{\mathbb{Q}}\left(\frac{k}{n}e\right)\frac{e}{n} = \lim_{n\to\infty}\left(1\cdot\frac{e}{n} + \sum_{k=1}^{n-1} 0\cdot\frac{e}{n}\right) = 0$$

です．□

積分で関数のグラフと x 軸の間の部分の面積が求められるとすると，これは

$$\{(x,y)\colon x\in[0,1], 0\le y\le 1_{\mathbb{Q}}(x)\}$$

という図形の面積が，それを含む図形

$$\{(x,y)\colon x\in[0,e], 0\le y\le 1_{\mathbb{Q}}(x)\}$$

の面積より大きいという，不合理な結論です．この奇妙な現象の原因は大きく分けて三つあって，まず関数側の問題として $1_{\mathbb{Q}}$ という関数の変動が激しすぎることがあります．そしてそれと関連して，積分の定式化の側にも

(1) 区間の分割を n 等分に限るというのは特殊すぎる，
(2) k 番目の長方形の高さを左端での関数値で決めるのは特殊すぎる

という問題があります．「変動の激しい関数に対しては，極限の取り方によって収束先が変わる」というのは，$\sin\frac{2\pi}{x}$（図 3.4 参照）の $x\to 0$ の極限を考えたときにも起きた現象でした．その例を参考にして，$x\to a$ での関数の連続性を定義したときには，「a に収束するすべての数列 $(x_n)_{n\in\mathbb{N}}$ に対して，$f(x_n)$ は $f(a)$ に収束する」という条件を付けたのでした．それにならって，積分も極限の取り方に自由度を許して定義します．

4.2　リーマン積分の定義と性質

リーマン積分を定義するために，まず用語の準備として，区間 $[a,b]$ において $x_0=a$, $x_k\le\xi_k\le x_{k+1}$, $x_n=b$ となる $\underline{x}=\{x_k\}_{k=0}^{n}$, $\underline{\xi}=\{\xi_k\}_{k=0}^{n-1}$ が与えられたとき，

$$S(f;\underline{x},\underline{\xi}) = \sum_{k=1}^{n-1} f(\xi_k)(x_{k+1}-x_k)$$

と定めます（等分になっている場合が図 4.1 で，一般の場合も似たような図になり

ます）．これを，関数 f の，区間 $[a,b]$ における分割 $\underline{x}$ と代表点 $\underline{\xi}$ に関するリーマン和といいます．

定義 4.2.1 区間 $[a,b]$ 上の関数 f がリーマン積分可能であるとは，分割を限りなく細かくするときに，$\underline{x}$ や $\underline{\xi}$ の具体的な取り方にはよらずに上の $S(f;\underline{x},\underline{\xi})$ が同じ極限に収束することをいい，その極限を $\int_a^b f(x)\mathrm{d}x$ と書く．また $\int_a^a f(x)\mathrm{d}x = 0$, $\int_b^a f(x)\mathrm{d}x = -\int_a^b f(x)\mathrm{d}x$ と定める．

この定義に従ってある関数が積分可能であることを確かめようとすると，すべての分割 $\underline{x}$ とすべての代表点の取り方 $\underline{\xi}$ を漏れなく考える必要があるので，途方に暮れてしまいます．これについては，関数の極限のときのようにわかりやすい言い換えはなく [†1]，次の節で「端点を含む区間で連続な関数はリーマン積分可能」という一般的な定理を示すことで，まとめて面倒を見ることにします．

一方で，積分可能性の定義の要求を厳しくすることには利点もあります．最も重要なこととして，定義の要求を厳しくすると，その要求が満たされるときにはよい性質をもつようになります．

定理 4.2.2（積分の基本的性質） リーマン積分は以下のような性質をもつ（ただし，主張に現れる積分がすべて存在すると仮定する）：

(1) $f \geq 0$ ならば $\int_a^b f(x)\mathrm{d}x \geq 0$（正値性）．

(2) 定数関数 c に対して，$\int_a^b c\,\mathrm{d}x = c(b-a)$．

(3) $c_1, c_2 \in \mathbb{R}$ に対して，$\int_a^b (c_1 f(x) + c_2 g(x))\mathrm{d}x = c_1 \int_a^b f(x)\mathrm{d}x + c_2 \int_a^b g(x)\mathrm{d}x$（線型性）．

(4) $\left|\int_a^b f(x)\mathrm{d}x\right| \leq \int_a^b |f(x)|\mathrm{d}x$（三角不等式）．

(5) $f \leq g$ ならば $\int_a^b f(x)\mathrm{d}x \leq \int_a^b g(x)\mathrm{d}x$（単調性）．

(6) $\int_a^c f(x)\mathrm{d}x = \int_a^b f(x)\mathrm{d}x + \int_b^c f(x)\mathrm{d}x$（区間に関する加法性）．

[証明] このうち (1) から (5) までは，極限を取る前のリーマン和に対しては明らかな性質で，その極限である積分にも遺伝します．(6) は定義が有効にはたらくところなので，定義に戻って証明します．

関数 f は $[a,b]$, $[b,c]$ の両方でリーマン積分可能としていますので，それぞれの区

[†1] 実はダルブー (Darboux) の定理というものがあって，思想的にはここでいう「言い換え」に相当するのですが，わかりやすくはないので紹介しません．

間を n 等分して作ったリーマン和が $n \to \infty$ で $\int_a^b f(x)\mathrm{d}x$ と $\int_b^c f(x)\mathrm{d}x$ に収束します．この「それぞれの区間の分割を合わせたもの」は $[a,c]$ の分割になっているので，f の $[a,c]$ でのリーマン積分可能性から

$$\begin{aligned}&\int_a^b f(x)\mathrm{d}x + \int_b^c f(x)\mathrm{d}x\\&\quad = \lim_{n\to\infty}\left(\sum_{k=0}^{n-1} f\left(a+\frac{k}{n}(b-a)\right)\frac{b-a}{n} + \sum_{k=0}^{n-1} f\left(b+\frac{k}{n}(c-b)\right)\frac{c-b}{n}\right)\\&\quad = \int_a^c f(x)\mathrm{d}x\end{aligned}$$

となって (6) が証明できます．　□

ここで，上の式の 2 行目で使っている分割は，$[a,c]$ の $2n$ 等分になっているとは限らないことに注意してください．したがって，積分の定義で等分にこだわっていると，そこから 3 行目への変形はできなくなってしまいます．

いま示した積分の性質を使うと，リーマン積分可能な f に対しては，例 4.1.1 の「不合理な結論」は起こらないことが証明できます：

Check 関数 f が非負の値を取り，$a < b < c$ ならば $\int_a^b f(x)\mathrm{d}x \leq \int_a^c f(x)\mathrm{d}x$ であることを示せ．

さて，このようにリーマン積分はよい性質をもつのですが，それは積分できる関数を厳しく制限した結果であることを忘れてはいけません．たとえば，関数 $1_{\mathbb{Q}}$ はリーマン積分可能ではないことがわかります．

例 4.2.3 例 4.1.1 の関数 $1_{\mathbb{Q}}$ は，どんな $a < b$ に対しても，区間 $[a,b]$ 上でリーマン積分可能になりません．実際，分割としては n 等分した

$$x_0 = a, x_1 = a + \frac{1}{n}(b-a), \ldots, x_k = a + \frac{k}{n}(b-a), \ldots, x_n = b$$

を取ることにすれば，すべての区間 $[x_k, x_{k+1}]$ に有理数の代表点 ξ_k と無理数の代表点 η_k が取れますが，このとき

$$\sum_{k=0}^{n-1} 1_{\mathbb{Q}}(\xi_k)(x_{k+1}-x_k) = \sum_{k=0}^{n-1} 1\cdot(x_{k+1}-x_k) = b-a,$$

$$\sum_{k=0}^{n-1} 1_{\mathbb{Q}}(\eta_k)(x_{k+1} - x_k) = \sum_{k=0}^{n-1} 0 \cdot (x_{k+1} - x_k) = 0$$

なので，これらは $n \to \infty$ において異なる極限に収束します．つまり，定義 4.2.1 の「具体的な取り方にはよらずに同じ極限に収束」が満たされていないので，リーマン積分可能ではありません． □

したがって，当初の「どんな関数が積分できるか」という問題の答えは，「何でもできる」ではないことがわかります．では，たとえば高校までの数学で学んだ関数は積分できるのでしょうか？ 定義がけっこう込み入ったものになってしまったので，難しい問題のようにも思われます．これを次の節で解決します．

4.3 連続関数のリーマン積分可能性

この節では，有界閉区間で連続な関数はリーマン積分可能であるという定理を証明します．とくに高校までの数学で学んだ関数は，それが定義されている有界閉区間では連続なので，この定理によりリーマン積分可能です．

定理 4.3.1 すべての $a < b$ を満たす実数 a, b と，区間 $[a, b]$ 上の連続関数 f に対して，リーマン積分 $\int_a^b f(x)\mathrm{d}x$ が存在する．

これは，1 変数の微積分に関する定理の中では証明が難しい部類のものです．しかしその分だけ結果は強力ですし，この定理の証明のために実数の定義から見直してきたという経緯もあるので，一度は目を通してほしいと思います．定理としては上の形で述べるのが仮定が一般的で使いやすいのですが，定理 3.3.3 を思い出すと，証明は次のように有界で一様連続という追加の仮定をおいて行えば十分です．定理 3.3.3 の証明は難しいのですが，その結果を受け入れれば，「追加の仮定は必ず満たされるのだから，実用上はそれを仮定した命題だけで十分」という考え方もあります．

命題 4.3.2 すべての $a < b$ を満たす実数 a, b と，区間 $[a, b]$ 上で有界かつ一様連続な関数 f に対して，リーマン積分 $\int_a^b f(x)\mathrm{d}x$ が存在する．

[証明] 証明は，次の二つのステップに分けて行います：

Step 1 ある特定の分割に対してリーマン和が収束すること，

Step 2　ほかの分割に対するリーマン和が，同じ極限に収束すること．

これができれば，分割をどのように取ってもリーマン和はStep 1で作った極限に収束するのですから，リーマン積分可能の定義が確かめられたことになります．

まず，Step 1を示しましょう．f を連続関数とし，見やすさのために区間は $[0,1]$ とします．これを 2^n 等分して，各小区間 $[\frac{j}{2^n}, \frac{j+1}{2^n}]$ では左端の点 $\frac{j}{2^n}$ で高さを決めてリーマン和を作ります：

$$S_n(f) = \sum_{j=0}^{2^n-1} f\left(\frac{j}{2^n}\right)\frac{1}{2^n}.$$

分割の幅は違いますが，図4.1とほとんど同じ状況です．このリーマン和の $n \to \infty$ での収束を示したいのですが，一般の f に対してその積分の値があらかじめわかるはずはないので，2.4節や2.6節で準備した方法を使うしかありません．つまり，$(S_n(f))_{n\in\mathbb{N}}$ が有界な単調列であるか，コーシー列であることを示すということになります．ここではコーシー列であることを示します．

関数 f は一様連続と仮定したので，どんな小さな $\varepsilon > 0$ に対しても，一様連続性の定義3.3.2の $\delta(f,\varepsilon) > 0$ よりも $\frac{1}{2^N}$ が小さくなるように N を大きく取れば，

$$|x-y| < \frac{1}{2^N} \text{ である限り，いつでも } |f(x)-f(y)| < \varepsilon$$

とできます．とくに，すべての $0 \le j \le 2^N - 1$ に対して，区間 $[\frac{j}{2^N}, \frac{j+1}{2^N}]$ での f の値は $[f(\frac{j}{2^N}) - \varepsilon, f(\frac{j}{2^N}) + \varepsilon]$ の間に収まっています．これを図示したのが図4.2の左の図で，リーマン和はグレーの部分の面積にあたります．ただし，一般の連続関数はこんなにきれいではありません．グラフを描くと騙されやすいので，以下では式として書いた情報しか使っていないことを確認しながら読んでください．

数列 $(S_n(f))_{n\in\mathbb{N}}$ がコーシー列であることを示すには，この分割をさらに細分してできた $S_{N+m}(f)$ が $S_N(f)$ から大きく離れないことが必要です．関数が最も大きく変動している左から3番目の小区間を細分したときにどうなるかを，図4.2の右に描いておきました（高さ 2ε の長方形の中だけを拡大しています）．このように細分すると，長方形の高さは場所によって変わりますが，一様連続性のおかげで，すべての $0 \le j \le 2^N - 1$ と $j2^m \le k < (j+1)2^m$ で

$$f\left(\frac{j}{2^N}\right) - \varepsilon < f\left(\frac{k}{2^{N+m}}\right) < f\left(\frac{j}{2^N}\right) + \varepsilon$$

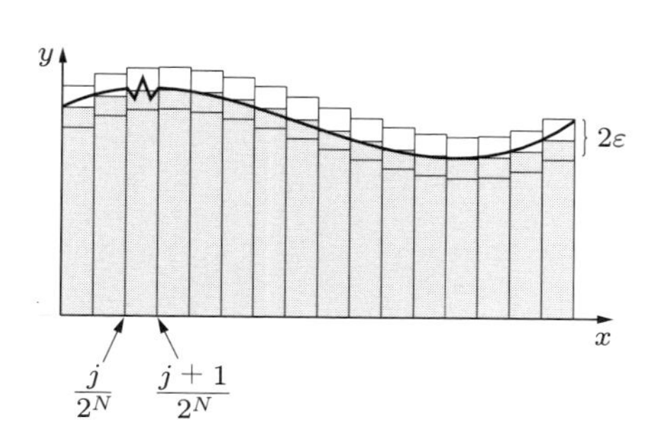

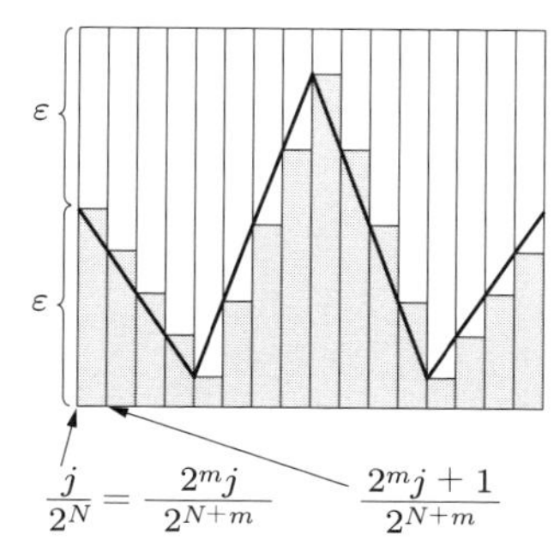

図 4.2 左：リーマン和の図．右：左から 3 番目の小区間を細分したときにリーマン和がどう変わるかを，高さ 2ε の長方形の中を拡大して表したもの．

となっています．すると，$S_{N+m}(f)$ の中で $[\frac{j}{2^N}, \frac{j+1}{2^N}]$ の細分になっているところだけを見れば，

$$\left(f\left(\frac{j}{2^N}\right)-\varepsilon\right)\frac{1}{2^N} < \sum_{2^m j\le k<2^m(j+1)} f\left(\frac{k}{2^{N+m}}\right)\frac{1}{2^{N+m}} < \left(f\left(\frac{j}{2^N}\right)+\varepsilon\right)\frac{1}{2^N}$$

となり，これをさらに $0 \le j < 2^N$ について足し合わせれば，

$$S_N(f)-\varepsilon < S_{N+m}(f) < S_N(f)+\varepsilon$$

です．これは「$n > N$ では $S_n(f)$ が $S_N(f)$ から誤差 $\pm\varepsilon$ 以内に収まっている」といっているので，$(S_n(f))_{n\in\mathbb{N}}$ はコーシー列です．定理 2.6.2 によりコーシー列は実数の中に極限をもつので，$\lim_{n\to\infty} S_n(f) = S_\infty(f) \in \mathbb{R}$ が存在します．

次に，Step 2 に進みます．リーマン積分の定義にあるように，

$$x_0 = 0, \quad x_k \le \xi_k \le x_{k+1}, \quad x_n = 1$$

となる $\underline{x} = \{x_k\}_{k=0}^{n}$, $\underline{\xi} = \{\xi_k\}_{k=0}^{n-1}$ を取って，対応するリーマン和を

$$S(f;\underline{x},\underline{\xi}) = \sum_{k=0}^{n-1} f(\xi_k)(x_{k+1}-x_k)$$

と定めます．示したいことは，分割の最大幅 $\max_{0\le k\le n-1}(x_{k+1}-x_k)$ さえ小さくすれば，$S(f;\underline{x},\underline{\xi})$ が $S_\infty(f) = \lim_{n\to\infty} S_n(f)$ に近づくことです．

二つのリーマン和 $S(f;\underline{x},\underline{\xi})$ と $S_n(f)$ を比べるために，再び「有界閉区間上の連

続関数は一様連続」を使います．すると，f は一様連続なので，任意の $\varepsilon > 0$ に対して $\delta > 0$ を十分小さく取って $\max_{0 \le k \le n-1}(x_{k+1} - x_k) < \delta$ とすれば，k 番目の区間にあるすべての点 $x \in [x_k, x_{k+1}]$ に対して

$$|f(\xi_k) - f(x)| < \varepsilon$$

となります．したがって，2^n 等分に対するリーマン和 $S_n(f)$ に使われる j 番目の区間を $I_{n,j} = [\frac{j}{2^n}, \frac{j+1}{2^n}]$ としたとき，$I_{n,j} \subset [x_k, x_{k+1}]$ ならば $f(\xi_k)$ と $f(\frac{j}{2^n})$ はせいぜい ε しか違いません（図 4.3 参照）．区間 $I_{n,j}$ がある x_k をまたぐときは少し面倒ですが，そういう j はせいぜい n 個しかありません．そこで f は有界，つまりある $M > 0$ があって，すべての $x \in [0,1]$ で $-M \le f(x) \le M$ だったことを思い出して，$|f(\frac{j}{2^n}) - f(\xi_k)| \le 2M$ と気前よく評価すれば，

$$\begin{aligned}
&|S_n(f) - S(f; \underline{x}, \underline{\xi})| \\
&\quad \le \sum_{k=0}^{n-1} \sum_{j: I_{n,j} \subset [x_k, x_{k+1}]} \left| f\left(\frac{j}{2^n}\right) - f(\xi_k) \right| \frac{1}{2^n} + \sum_{k=0}^{n-1} \sum_{j: I_{n,j} \ni x_k} 2M \frac{1}{2^n} \\
&\quad \le \varepsilon + \frac{Mn}{2^{n-1}}
\end{aligned}$$

となります（$I_{n,j} \ni x_k$ のほうは x_k で区間を二つに分けて，ξ_k と ξ_{k+1} を使って考えます）．後は n を十分大きく取って，$|S_n(f) - S_\infty(f)| < \varepsilon$ かつ $Mn2^{-n+1} < \varepsilon$ となるようにすれば，

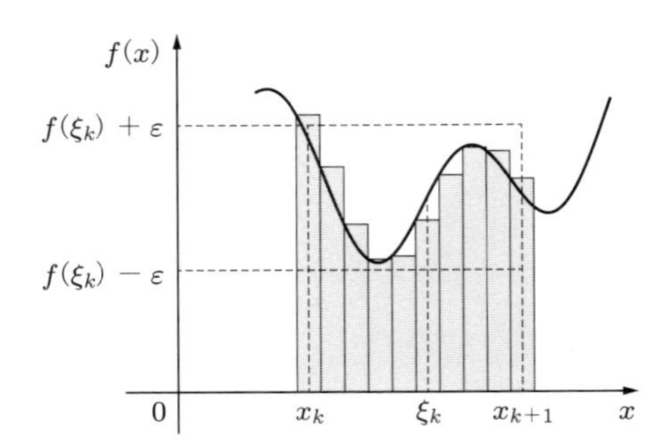

図 4.3　リーマン和 $S(f; \underline{x}, \underline{\xi})$ に使われる区間 $[x_k, x_{k+1}]$ と，$S_n(f)$ に使われる 2^n 分割（グレーの長方形）の関係．区間 $[x_k, x_{k+1}]$ の中では，関数 f の値は $f(\xi_k) \pm \varepsilon$ に収まっているので，とくに $S_n(f)$ に使われる長方形の高さも同じ範囲にある．一方で x_k をまたぐ長方形については，$S_n(f)$ の定義で左端での f の値を高さにしていたので，収まらない可能性がある．

$$
\begin{aligned}
|S(f;\underline{x},\underline{\xi}) - S_\infty(f)| &\le |S(f;\underline{x},\underline{\xi}) - S_n(f)| + |S_n(f) - S_\infty(f)| \\
&< 3\varepsilon
\end{aligned}
$$

となって，$\varepsilon > 0$ は任意だったので「分割の最大幅 $\max_{0 \le k \le n-1}(x_{k+1} - x_k)$ さえ小さくすれば，$S(f;\underline{x},\underline{\xi})$ が $S_\infty(f) = \lim_{n\to\infty} S_n(f)$ に近づく」ことが証明できました． □

予告したとおり長くて難しい証明でしたが，この定理のおかげで，第1章で取り上げた「振り子の周期」や「楕円の周の長さ」を表す積分が意味をもつかという問題の解決にはかなり近づきました．ただしいくつか問題が残っていて，まずこれらの量をリーマン積分

$$
\int_0^{\pi/2} \frac{1}{\sqrt{2g\sin\theta}}\,\mathrm{d}\theta, \quad \int_0^{1/2} \sqrt{\frac{1+12x^2}{1-4x^2}}\,\mathrm{d}x
$$

と結びつける議論はまだ行っていません．これには微分の概念が必要なので，後の章で扱います．次に，どちらも積分したい関数が区間の片方の端点で発散しており，連続になっていません．これは，第8章で広義積分という概念を導入して解決します．

定理 4.3.1 の証明では，実数の性質や数列の極限，関数の一様連続性など，これまでに準備したことをたくさん使いました．とくに，コーシー列が極限をもつこと（定理 2.6.2）と，「分割の幅さえ小さければ，どの k に対しても区間 $[x_k, x_{k+1}]$ での関数の変動は高々 $\pm\varepsilon$」という一様連続性が非常に重要な役割を果たしています．

ここで強調しておきたいのは，この一様連続性の定式化に，極限や連続性の定義の見直し（定義 2.2.2 や定義 3.2.2）が役立っているということです．高校の数学における極限の表現「限りなく近づく」で一様連続性を表現しようとすれば，たとえば「y が限りなく x に近づくとき，x に関して一様に $f(y)$ は限りなく $f(x)$ に近づく」となりますが，これで意味がわかる人は限られているでしょうし，これに基づいて定理 4.3.1 の説得力のある証明を書ける人はさらに少ないと思います．一様連続性の定義 3.3.2 は，誤差の限界を ε と明示することによって，その限界がすべての点 x で適用されるという形で「x に関して一様に」を表現しています．そして，定量的な評価（不等式）として一様連続性を定義したおかげで，証明の中の式変形で定義を直接使うことができるようになっているのです．

MEMO　念のためですが，高校の数学における極限の扱いを批判するつもりはまったくありません．高校の教科書は，そこに書かれている程度の認識で理解できる範囲を扱うとい

う思想で書かれていて，そのことには何の問題もないのです．より進んだ定理を証明するためには，これまでの認識を少し精密化する必要があったということです．

4.4　積分可能性の証明にコーシー列を使った理由

前節の定理 4.3.1 の証明で，「有界な単調列は極限をもつ」ではなく「コーシー列は極限をもつ」という性質を使った理由を釈明しておきます．

まず理論的な問題として，前者は 2.6 節で述べたようにベクトル値関数に通用しないという欠点があります．ところが，たとえば力学において $\boldsymbol{x}(T)-\boldsymbol{x}(0)=\int_0^T \boldsymbol{v}(t)\mathrm{d}t$ と速度を積分して軌道を求めるときに考える速度 $\boldsymbol{v}$ は，少なくとも 3 次元のベクトルでしょう[†2]．こういうものに微積分を適用するときにあれこれ悩まなくて済むように，ここではベクトル値でも変わらずにできる議論を紹介しました．本書の証明で，関数値に付いている絶対値をすべてベクトルの大きさにすれば，そのまま通用します．ただし，一様連続性を使って $S_N(f)$ と $S_{N+m}(f)$ の差を評価している部分だけは，式の見やすさのためにあえて大小関係を使った書き方をしているので，少し書き直しが必要です．

次に技術的な問題として，リーマン和を単調にするのは感覚的にはわかりやすいのですが，それを証明にするためには上限・下限の概念か，「有界閉区間上の連続関数は最大値・最小値をもつ」という難しい定理のどちらかを準備するのが自然です．これらは数学を専門に学ぶのであれば，それ自体が重要な内容ですが，この定理の証明のために学ぶというのでは，やや動機付けに乏しいと思います．

この方向の話題は，微積分学の基本定理という，もう一つの重要な定理を証明するときにも，もう一度触れます．

4.5　リーマン積分の計算は大変

「有界閉区間で連続な関数はリーマン積分可能」という定理（定理 4.3.1）によって，かなり多くの関数のリーマン積分が意味をもつことがわかりました．そしてそのためには，積分を微分の逆演算としてではなく，区分求積法の極限として定義し

[†2] 有限次元なら，成分ごとに 1 次元の結果を適用すればよいという考え方もありますが．

たことが重要でした．この定義は存在の証明には好都合ですが，逆に具体的な計算には不向きです．そのことを例で見ておきましょう．

例 4.5.1 $\int_0^1 x^2\,\mathrm{d}x$ を求めてみましょう．関数 $f(x) = x^2$ は区間 $[0,1]$ で連続なのでリーマン積分可能です．したがって，どんな分割 $0 = x_0 \leq x_1 \leq \cdots \leq x_n = 1$ と代表点 $\xi_k \in [x_k, x_{k+1}]$ を取ってリーマン和を作っても，分割を細かくする極限では $\int_0^1 x^2\,\mathrm{d}x$ に収束します．そこで $x_k = \xi_k = \frac{k}{n}$ とすると，リーマン和は

$$\sum_{k=0}^{n-1} f(\xi_k)(x_{k+1} - x_k) = \sum_{k=1}^{n-1} \left(\frac{k}{n}\right)^2 \frac{1}{n} = \frac{1}{6n^3}(n-1)n(2n-1)$$

となります．ここで $\sum_{k=1}^m k^2 = \frac{1}{6}m(m+1)(2m+1)$ を用いました．最後に $n \to \infty$ の極限を取ると

$$\frac{1}{6n^3}(n-1)n(2n-1) = \frac{1}{6}\left(1 - \frac{1}{n}\right)\left(2 - \frac{1}{n}\right) \xrightarrow{n\to\infty} \frac{1}{3}$$

だから，$\int_0^1 x^2\,\mathrm{d}x = \dfrac{1}{3}$ とわかります． □

上の例は，とても難しいとまではいえませんが，$\sum_{k=1}^m k^2$ の公式がなければ計算は遂行できません．さらに以下の二つの問題になると，少なくともヒントがなければ難しいのではないかと思います．

Check リーマン積分の定義に従って $\int_0^a \sin x\,\mathrm{d}x$ を求めよ．ただし，三角関数について知っている性質と，定理 4.3.1 は認めて使ってよい（ヒント：三角関数の積和公式から

$$\sin\left(\frac{k}{n}a\right) = -\frac{\cos\left(\frac{k+1}{n}a\right) - \cos\left(\frac{k-1}{n}a\right)}{2\sin\left(\frac{1}{n}a\right)}$$

となることを使う）．

Try リーマン積分の定義に従って $\int_0^1 \sqrt{x}\,\mathrm{d}x$ を求めよ．ただし，$x \mapsto \sqrt{x}$ が区間 $[0,1]$ 上で連続関数であることと，定理 4.3.1 は認めて使ってよい（この問題は，現時点では難しさを感じるだけで十分）．

これらのことからわかるように，リーマン積分の定義は具体的な計算には向いて

いません．しかしそれは，ある意味では当然のことです．第1章で予告したように，本書では数学や物理で自然に現れる対象を，値を求めなくても存在だけは保証できることを目指して積分を見直してきました．その結果としてリーマン積分に到達したのですから，値が計算できることは優先度が低いのです．

しかしそうはいっても，値が計算しにくいと実用上は不便であるというのも事実です．そこで次の章では，リーマン積分が微分の逆演算であるという，高校の数学でなじみのある事実を定理として紹介します．微分は比較的計算しやすいものなので，これによって，上の Try の $\int_0^1 \sqrt{x}\,\mathrm{d}x$ を含めた多くの積分が簡単に計算できるようになります．

第 5 章

微分 ①：積分との関係

この章では微分の定義を思い出し，それが第 4 章で定義したリーマン積分の逆演算になっていることを説明します．第 4 章の最後ではリーマン積分の定義が具体的な計算には適していないことを見ましたが，この章の結果によって，$\int_a^b f(x)\mathrm{d}x$ は高校で学んだように「微分が f になる関数の b と a での値の差」として計算できることが保証されます．これを「微積分学の基本定理」といいます．

関数の微分が何の役に立つかの説明や，具体的な関数の微分，微分の計算に関係する公式の証明は次の章にします．

5.1 微分の復習

微分についてはすでに知っていると思いますが，簡単に復習します．

定義 5.1.1 区間 (a,b) で定義された関数 f が，$x \in (a,b)$ で微分可能であるとは，差分商の極限

$$\lim_{h \to 0} \frac{f(x+h)-f(x)}{h} \tag{5.1}$$

が存在することをいい，その値を $f'(x)$ または $\frac{\mathrm{d}f}{\mathrm{d}x}(x)$ と書く．関数の微分 $f'(x)$ を x の関数と見たときには f の導関数という．

高校の数学では，$f'(x)$ が「関数 f のグラフの点 $(x, f(x))$ における接線の傾き」という幾何学的な意味をもっていることを学んだと思いますが，それを含めた微分の意味や有用性に関してはこの章では扱わず，次の章で説明します．導関数 f' がまた微分可能になっているときは，その導関数を f'' と書き，さらに何度も微分できるときは，n 回微分したものを $f^{(n)}$ と書きます．これを高階微分といい，高校までの

数学では2階微分を関数の凸性の判定に使ったくらいではないかと思いますが，次の章で関数の近似を議論するときに活躍します．

具体的な関数の微分もいくつか思い出しておくと，表5.1のようになっています．

表5.1　いくつかの関数とその微分の対応表

$f(x)$	c（定数）	x^n（n は自然数）	$\sin x$	$\cos x$	e^x	$\log x$
$f'(x)$	0	nx^{n-1}	$\cos x$	$-\sin x$	e^x	$\frac{1}{x}$

この表に加えて，以下の公式を使えば，多くの関数の微分を計算することができます：

積の微分公式　$(fg)'(x) = f'(x)g(x) + f(x)g'(x)$,

商の微分公式　$\left(\frac{f}{g}\right)'(x) = \frac{f'(x)g(x) - f(x)g'(x)}{g(x)^2}$,

合成関数の微分公式　$(f \circ g)'(x) = f'(g(x))g'(x)$,

逆関数の微分公式　$(f^{-1})'(x) = \frac{1}{f'(f^{-1}(x))}$.

表5.1の具体的な関数の微分や，上の四つの公式の証明は後回しにします．その理由はこれらを高校の数学ですでに知っているからで，そういうことをあらためて証明する動機は，現時点では理解しにくいと思います．本書では，特別な意味があるといえる場合にだけ，その意味を説明したうえで証明を与えることにします．詳しくは6.3節を見てください．

ここではとりあえずこれらの知識を応用して，別の関数の微分が求められることを思い出しておくことにしましょう．

例 5.1.2　$(\tan x)' = \frac{1}{\cos^2 x}$ を確認します．これは，商の微分公式と $\sin x$, $\cos x$ の微分を使えば，

$$
\begin{aligned}
(\tan x)' &= \left(\frac{\sin x}{\cos x}\right)' \\
&= \frac{(\sin x)' \cos x - \sin x (\cos x)'}{\cos^2 x} \\
&= \frac{\cos^2 x + \sin^2 x}{\cos^2 x} \\
&= \frac{1}{\cos^2 x}
\end{aligned}
$$

◀ $\cos^2 x + \sin^2 x = 1$ を使った

と確かめられます． □

例 5.1.3 $(x^\alpha)' = \alpha x^{\alpha-1}$ $(x > 0)$ を確認します．上の表では α が自然数の場合を書いていますが，より一般の $\alpha \in \mathbb{R}$ に対しては $x^\alpha = e^{\alpha \log x}$ と考えて（ここで log の変数は正である必要があるので，$x > 0$ に限りました），合成関数の微分公式と e^x, $\log x$ の微分を使うことで，

$$
\begin{aligned}
(x^\alpha)' &= (e^{\alpha \log x})' \\
&= e^{\alpha \log x}(\alpha \log x)' \\
&= \alpha x^{\alpha-1}
\end{aligned}
$$

と確かめられます． □

最後に，関数がある区間で微分可能であることの表現に関する約束をしておきます．関数の微分は極限なので，定義 3.4.1 にあるとおり，「すべての $0 < |x-a| < \delta$ を満たす x に対して」という条件を考える必要があります．すると，「区間 $[a, b]$ 上で定義された関数 f が微分可能」といった場合に，端点での意味が不明になります．たとえば，右端点で「すべての $0 < |x-b| < \delta$ を満たす x」に対して $f(x)$ が定義されていないからです．このために数学の本では，「$[a, b]$ を含むある開区間で定義された関数 f が $[a, b]$ で微分可能」のように丁寧に書くのが慣例になっています．しかし定理の条件などをいつもこう書くと，どうしてこういう丁寧な表現をするのかを毎回思い出さないといけないことになって，それはむしろ負担ではないかと思います．そこで，本書では単に

関数 f が区間 $[a, b]$ で微分可能

と書いたら，f は $[a, b]$ より少し広い区間で定義されていて，各 $x \in [a, b]$ では微分可能であるという意味とします．また，上の「微分可能」を「n 回微分可能」にした場合も同様に解釈します．

5.2　微分と関数の増減：主張と証明の難しさ

高校までの数学では，微分の応用といえば関数の増減を調べることだったと思います．数列の場合と同様に，関数の増減には 2 種類あるので，用語の準備から始め

ます．関数 f は，定義されている範囲で

- $x < y$ ならば $f(x) \leq f(y)$ となるとき単調増加,
- $x < y$ ならば $f(x) < f(y)$ となるとき狭義単調増加

といいます．単調減少・狭義単調減少も同じように定めます．この用語を使って微分と関数の増減の関係を命題として述べると，以下のようになります．

命題 5.2.1

(1) f が区間 $[a,b]$ で微分可能で，すべての $x \in [a,b]$ で $f'(x) = 0$ ならば，f は $[a,b]$ 上で定数である．

(2) f が区間 $[a,b]$ で微分可能で f' は連続とし，すべての $x \in [a,b]$ で $f'(x) \geq 0$ ならば，f は $[a,b]$ 上で単調増加である．

(3) f が区間 $[a,b]$ で微分可能で f' は連続とし，すべての $x \in [a,b]$ で $f'(x) \leq 0$ ならば，f は $[a,b]$ 上で単調減少である．

また，(2) で $f'(x) > 0$ を仮定すれば f が狭義単調増加，(3) で $f'(x) < 0$ を仮定すれば f が狭義単調減少である．

MEMO　この命題は f' の連続性を外しても成立します．これについては 5.5 節の最後で説明します．

この命題を高校の数学の教科書でどうやって証明していたか覚えているでしょうか？　覚えていなかったら，この機会に少し自分で証明に挑戦してみるのもよいと思います．たとえば (2) なら，どこでも接線の傾きが正だったら単調増加なのは当然だと思うかもしれませんが，それを図でごまかしたりせずに証明にするのは意外と難しいことに気づくと思います．

実際のところ，こういうことを図を描いて証明することは原理的に不可能なのです．自分にとって都合のよい図を描けばそれらしい説明はできますが，それはそこに描いた特別な関数に対する説明にすぎません．証明にするためには，すべての微分可能な関数のグラフを描く必要があります．さらに，微分は関数の極限の性質ですから，図から $f'(x) \geq 0$ となっていることが読み取れるためには，無限に細い線で描いて，無限によい視力で見なければわからないはずです．

このように，命題 5.2.1 を証明するのは，意外に難しい問題です．高校の数学の教科書では，これは平均値の定理を（証明せずに）使って行われます．本書では次の節で「微積分学の基本定理」という大定理を使って証明しますが，その動機付け

のために，ここでは問題点を明確にしました．

5.3　微積分学の基本定理：主張と意義

微分に関して基本的なことを思い出したところで，この章の主題である「積分が微分の逆演算である」という定理を紹介します．これは微積分学において最も重要な定理なので「微積分学の基本定理」とよばれています．

定理 5.3.1（微積分学の基本定理）

(1) 関数 f が区間 $[a,b]$ で連続ならば，すべての $x \in (a,b)$ に対して

$$\frac{\mathrm{d}}{\mathrm{d}x}\int_a^x f(y)\mathrm{d}y = f(x). \tag{5.2}$$

(2) 関数 f が区間 $[a,b]$ で微分可能で，導関数 f' が連続ならば，

$$\int_a^b f'(x)\mathrm{d}x = f(b) - f(a). \tag{5.3}$$

とりあえず，この定理によって積分の計算が著しく簡単になる場合があることを見ておきましょう．

例 5.3.2　63 ページの Try の積分 $\int_0^1 \sqrt{x}\,\mathrm{d}x$ について再考しましょう．これは，$x > 0$ で $(\frac{2}{3}x^{3/2})' = \sqrt{x}$ であることに注意して微積分学の基本定理 (2) を使えば，

$$\int_0^1 \sqrt{x}\,\mathrm{d}x = \frac{2}{3}\cdot 1^{3/2} - \frac{2}{3}\cdot 0^{3/2} = \frac{2}{3}$$

と簡単に計算できます．□

ただし，すべての積分の計算が簡単にできるわけではありません．第 1 章で説明したように，本書の出発点はこのように計算できない積分が存在することでした．また，計算できる場合でも「与えられた導関数をもつような関数を見つける」のは，微分のように決まった手順はないので大変です．

次に，微積分学の基本定理を使って，関数の増減を微分を使って判定する命題 5.2.1 の証明ができます．

[命題 5.2.1 の証明]　まず，(1)〜(3) のすべてにおいて f' は連続と仮定されている

ので，微積分学の基本定理から，すべての $x, y \in (a, b)$, $x < y$ に対して

$$f(y) - f(x) = \int_x^y f'(z)\mathrm{d}z$$

です．積分の性質（定理 4.2.2 の (2)）から，$f' = 0$ の場合はその積分も 0 なので，$f(y) - f(x) = 0$ となって，f は定数です．次に $f' \geq 0$ の場合は，積分の正値性（定理 4.2.2 の (1)）から f' の積分も 0 以上になることを使うと $f(y) - f(x) \geq 0$ となるので，f は単調増加です．$f' \leq 0$ のときも同様です．最後に $f'(x) > 0$ を仮定すると，連続性から，十分小さい $\delta > 0$ に対しては，すべての $z \in (x - \delta, x + \delta)$ に対して $f'(z) \geq \frac{f'(x)}{2}$ とできます（定義 3.2.2 において $\varepsilon = \frac{f'(x)}{2}$ としました）．このとき，積分の単調性（定理 4.2.2 の (5)）から，$x < y < x + \delta$ に対して

$$\begin{aligned}
f(y) - f(x) &= \int_x^y f'(z)\mathrm{d}z \\
&\geq \int_x^y \frac{f'(x)}{2}\mathrm{d}z \\
&= \frac{f'(x)}{2}(y - x) \\
&> 0
\end{aligned}$$

となるので，狭義単調性がわかります．$f' < 0$ の場合も同様です．　□

微積分学の基本定理の有用性はある程度わかったと思うので，それがなぜ成り立つのかを感覚的に説明します．証明は，とくに式 (5.3)について技術的な困難があって，かなり複雑になります．そのせいでそれを見ても定理がどうして成り立つのかはわかりにくいので，証明は後の 5.4 節と 5.5 節で行うことにします．

まず式 (5.2)については，微分の定義に従って

$$\frac{1}{h}\left(\int_a^{x+h} f(y)\mathrm{d}y - \int_a^x f(y)\mathrm{d}y\right) = \frac{1}{h}\int_x^{x+h} f(y)\mathrm{d}y$$

の $h \to 0$ の極限を考えます．いま f は連続でしたから，y が x に近づくとき $f(y)$ は $f(x)$ に近づきます．したがって h が十分小さいとき，上の右辺の $f(y)$ は $f(x)$ に近いとしてよさそうです．すると $h \to 0$ で

$$\frac{1}{h}\int_x^{x+h} f(y)\mathrm{d}y \sim \frac{1}{h}\int_x^{x+h} f(x)\mathrm{d}y = f(x)$$

となって，示したかった等式が従います．ここで記号 “$\sim$” は「近似的に等しい」と

いう意味ですが，ここでは感覚的な理解で十分です．正確な定義は，後の 6.1 節で与えます．

次に式 (5.3)については，f は微分可能ですから，$n \to \infty$ で次が成り立ちます：

$$f'(x) \sim \frac{f\left(x+\frac{1}{n}(b-a)\right)-f(x)}{\frac{1}{n}(b-a)}.$$

これを，$[a,b]$ を n 等分して作った f' のリーマン和に使えば，

$$\begin{aligned}\sum_{k=0}^{n-1} f'\left(a+\frac{k}{n}(b-a)\right)\frac{b-a}{n} &\sim \sum_{k=0}^{n-1}\left(f\left(\frac{k+1}{n}(b-a)\right)-f\left(\frac{k}{n}(b-a)\right)\right)\\ &= f(b)-f(a)\end{aligned}$$

となって，$n \to \infty$ とすれば示したかった等式が成り立ちそうです．

この定理の証明は後でしますが，式 (5.2)については難しくないし，式 (5.3)についても証明を読む前に何が問題なのか考えてみるのはよいと思うので，問題にしておきます．

Check 関数の連続性の定義 3.2.2 と極限の定義 3.4.1 に従って，式 (5.2)を証明せよ（解答は 5.4 節）．

Try 上の式 (5.3)が成り立つ理由の説明が，なぜ証明にはなっていないのかを考えよ（解答は 5.5 節）．

ここまで積分の定義を見直して，微積分学の基本定理について説明しました．その過程で，微分と積分が表裏一体であることが感じられたのではないでしょうか．このことは理論的にも応用上も重要です．

まず繰り返しですが，リーマン積分の定義は，それ自体計算できるものにはとても見えません．しかし微積分学の基本定理のおかげで，結局は微分の逆演算を行えばよいことになったわけです．それなら高校の数学での定義でよかったのではないかと思われるかもしれませんが，途中に「連続関数は積分可能」という定理があって，これが証明できることが微積分学の適用範囲を明確にする意味で非常に重要です．たとえば，高校の数学における積分の定義では，楕円の弧の長さを表す積分は意味をもちませんでした．したがって，その性質を調べることもできません．しかしリーマン積分としては定義することができて，簡単な関数の組み合わせでは表せ

ないことも証明できます[†1]．この関数は不完全楕円積分とよばれ，実は19世紀頃の数学の一つの中心であったといってもよいほど，深く豊かな性質をもっています．

また，リーマン和を通じた極限による定義によって，積分には面積に限らず「時間や場所によって変わる微小な変化を寄せ集めたもの」という意味があることも，よくわかるのではないかと思います．ニュートン力学における「刻一刻と変化する（加）速度から軌道を求める」のは，まさにこのような計算です．その例として，第1章で取り上げた振り子の周期の問題を，部分的に解決しておきましょう．

例 5.3.3　1.1節の振り子の周期の問題で，振り子の振れ角 θ が $\frac{\pi}{4}$ から $\frac{\pi}{2}$ になるまでにかかる時間を考えてみます．振れ角を時間の関数と考えたときに，逆関数 $t(\theta)$ が存在して

$$\frac{\mathrm{d}t}{\mathrm{d}\theta}(\theta) = \frac{1}{\sqrt{2g\sin\theta}}$$

を満たすことは仮定します．この右辺は $\frac{\pi}{4} \leq \theta \leq \frac{\pi}{2}$ では連続関数なので，この両辺をその範囲で積分すれば，微積分学の基本定理から

$$t\left(\frac{\pi}{2}\right) - t\left(\frac{\pi}{4}\right) = \int_{\pi/4}^{\pi/2} \frac{1}{\sqrt{2g\sin\theta}}\mathrm{d}\theta$$

が得られます．

この例では逆関数の存在と微分公式を仮定しましたが，その正当化には6.3節で紹介する逆関数の微分に関する定理が必要です．また振り子の初期位置からではなく，振れ角 $\theta = \frac{\pi}{4}$ からの時間を考えましたが，それは上の積分において，被積分関数が $\theta = 0$ では連続にならないからです．このような場合に積分をどう定義するかは第8章で扱います．　□

5.4　微積分学の基本定理の証明：積分してから微分する場合

この節では，微積分学の基本定理 (1) の証明をします．

［定理 5.3.1 (1) の証明］　微積分学の基本定理の一つ目の主張は

$$\frac{\mathrm{d}}{\mathrm{d}x}\int_a^x f(y)\mathrm{d}y = f(x)$$

†1　（再掲）一松信『初等関数の数値計算』（教育出版）の付録 A.

でした．微分の定義が差分商の極限だったことを思い出して，極限の定義 3.4.1 も見直しておくと，証明すべきことは「どんな小さな $\varepsilon > 0$ に対しても，それに応じて $\delta > 0$ を十分小さく取れば，すべての $h \in (-\delta, \delta)$, $h \neq 0$ に対して

$$\left| \frac{1}{h} \left(\int_a^{x+h} f(y)\mathrm{d}y - \int_a^x f(y)\mathrm{d}y \right) - f(x) \right| < \varepsilon \tag{5.4}$$

とできること」であるとわかります．

まず，$h > 0$ の場合を考えましょう．積分の区間に関する加法性と定数関数の積分（定理 4.2.2 の (6) と (2)）を使うと，

$$\int_a^{x+h} f(y)\mathrm{d}y - \int_a^x f(y)\mathrm{d}y = \int_x^{x+h} f(y)\mathrm{d}y,$$
$$\frac{1}{h} \int_x^{x+h} f(x)\mathrm{d}y = f(x)$$

がわかります．これらを式 (5.4)の左辺に代入して，積分の三角不等式（定理 4.2.2 の (4)）も使うと

$$\begin{aligned} \text{式 (5.4)の左辺} &= \left| \frac{1}{h} \int_x^{x+h} (f(y) - f(x))\mathrm{d}y \right| \\ &\leq \frac{1}{h} \int_x^{x+h} |f(y) - f(x)|\mathrm{d}y \end{aligned}$$

となります．ここまでくると，前の節で見たのと同じように $f(y)$ が $f(x)$ に近ければよさそうなので，連続性の定義 3.2.2 を使って，$\delta > 0$ を

$$\text{すべての } 0 < |x - y| < \delta \text{ を満たす } y \text{ に対して } |f(y) - f(x)| < \varepsilon \tag{5.5}$$

を満たすように取ります．すると $0 < h < \delta$ のときには，上の積分範囲のすべての y で $|f(y) - f(x)| < \varepsilon$ となっています．したがって，積分の単調性と定数関数の積分（定理 4.2.2 の (5) と (2)）を使って

$$\frac{1}{h} \int_x^{x+h} |f(y) - f(x)|\mathrm{d}y \leq \frac{1}{h} \int_x^{x+h} \varepsilon \, \mathrm{d}y = \varepsilon$$

となります．ここまでの等式や不等式をつなぐと，式 (5.5)で存在が保証された $\delta > 0$ に対して，確かに式 (5.4)が成り立っています．

残りの $h < 0$ の場合は，積分の定義 4.2.1 で，上端と下端の上下が逆転していると

きには，上端と下端を入れ替えて負号を付けることになっていたことを思い出せば，

$$\frac{1}{h}\int_x^{x+h} f(y)\mathrm{d}y = \frac{1}{|h|}\int_{x-|h|}^{x} f(y)\mathrm{d}y$$

と書き直すことができて，上とまったく同じように，$-\delta < h < 0$ のときに式 (5.4) が成り立つことが証明できます．

これで，h の正負に関わらず，$h \in (-\delta, \delta)$, $h \neq 0$ である限り式 (5.4) が成り立つことが確かめられたので，

$$\frac{\mathrm{d}}{\mathrm{d}x}\int_a^x f(y)\mathrm{d}y = \lim_{h\to 0}\frac{1}{h}\left(\int_a^{x+h} f(y)\mathrm{d}y - \int_a^x f(y)\mathrm{d}y\right) = f(x)$$

を極限の定義 3.4.1 に従って証明できました．□

前の節の感覚的な説明とあまり変わらないように思う人もいるかもしれませんが，極限と微分の定義，それから積分に対して証明された性質だけを使って議論していて，それが数学的な証明というものです．とくに式 (5.5) で，「x に近い範囲にあるすべての y に対して $f(y)$ が $f(x)$ に近いこと」が保証されていることが鍵になっていて，それがわかれば，定義 3.2.1 の前後でこの点を強調していた理由もわかると思います．

5.5　微積分学の基本定理の証明：微分してから積分する場合

この節では，微積分学の基本定理 (2) の証明をします．ただし途中で，ハイネ－ボレル (Heine–Borel) の被覆定理という，実数の部分集合に関するやや難しい性質を使うので，それは仮定します（付録の A.2 節で証明します）．この定理は，実は前の章で仮定した「有界閉区間上の連続関数は有界かつ一様連続」（定理 3.3.3）の証明にも使います．

証明の前に，71 ページの Try の解答を与えます．一言でいえば，「近似が同時に成立するか」（近似の一様性）ということが問題です．これは例で見たほうがわかりやすいでしょう．

例 5.5.1 関数 f を

$$f(x) = \begin{cases} x^2 \sin \dfrac{\pi}{x}, & x \neq 0, \\ 0, & x = 0 \end{cases}$$

で定義すると，実数全体で微分可能になります．実際，$x \neq 0$ では積の微分や合成関数の微分で

$$f'(x) = 2x \sin \frac{\pi}{x} - \pi \cos \frac{\pi}{x}$$

が確かめられますし，$x = 0$ でも

$$\frac{f(h) - f(0)}{h} = h \sin \frac{\pi}{h} \begin{cases} \geq -h, \\ \leq h \end{cases}$$

なので，はさみうちの原理から $\lim_{h \to 0} \frac{1}{h}(f(h) - f(0)) = 0$ です．しかし，微分可能の定義から導かれそうに見える [†2]

$$\frac{f\left(\frac{k+1}{n}\right) - f\left(\frac{k}{n}\right)}{\frac{1}{n}} \sim f'\left(\frac{k}{n}\right), \quad n \to \infty \tag{5.6}$$

は，たとえば $k = 1$ のとき成立しません．実際，$n = 4m + 1$ $(m \in \mathbb{Z})$ のとき

$$\begin{aligned} \frac{f\left(\frac{2}{n}\right) - f\left(\frac{1}{n}\right)}{\frac{1}{n}} &= \frac{4}{4m+1} \sin\left(\frac{4m+1}{2}\right)\pi - \frac{1}{4m+1} \sin{(4m+1)\pi} \\ &= \frac{4}{4m+1} \end{aligned}$$

ですが，一方で

$$\begin{aligned} f'\left(\frac{1}{4m+1}\right) &= \frac{2}{4m+1} \sin(2m+1)\pi - \pi \cos(2m+1)\pi \\ &= \pi \end{aligned}$$

なので，$m \to \infty$ において式 (5.6)は成立しません． □

この例で起きている現象は，連続性と一様連続性の違いによく似ています．微分可能性は「固定した点で式 (5.6)のようなことが成り立つこと」を保証するのですが，

[†2] この次の式の “$\sim$” は両辺の比が 1 に収束するという意味で，6.1 節で定義するのを少し先取りして使っています．

$k=1$ で必要なのは，「$n\to\infty$ で 0 に近づいていくような動く点 $\frac{1}{n}$ で式 (5.6)が常に成り立つこと」であり，これは保証されないのです．このように動く点に対しても式 (5.6)が成り立つときには，「一様に微分可能」とでもよぶべきですが，使いどころが限られるせいか，そういう用語は定着していません．

しかしともかく，一般には上の例のように，微分可能性だけを仮定して安直に n 等分を考えると問題が生じるわけで，それを回避するために，以下の不思議な見た目の定理を使います．

> **定理 5.5.2**（ハイネ–ボレルの被覆定理）　区間 $[a,b]\subset\mathbb{R}$ の各点 x に開区間 $(x-\delta_x, x+\delta_x)$ が付与されているとき，有限個の $x_1, x_2, \ldots, x_N$ をうまく選んで $[a,b]\subset\bigcup_{j=1}^{N}(x_j-\delta_{x_j}, x_j+\delta_{x_j})$ とできる．

意味がわかりにくいですが，まずは明らかに $[a,b]\subset\bigcup_{x\in[a,b]}(x-\delta_x, x+\delta_x)$ であることに注意しましょう（このことを，$\bigcup_{x\in[a,b]}(x-\delta_x, x+\delta_x)$ は $[a,b]$ の被覆であるといいます）．これは「すべての開区間を使えば $[a,b]$ 全体を覆える」ことを意味しますが，定理の主張は「すべてを使わなくても有限個だけで覆える」ことです．日常の用語に引きつけていえば，$[a,b]$ の各点に人が立って傘をさしていたら，ほとんどの人が傘を閉じても誰も雨に濡れないようにできるということです．この定理の証明は付録の A.2 節で与えますが，とりあえず嘘だと思って有限個にはできない例（つまり反例）を作ろうと頑張ってみると，少し感じがわかると思います．

しかしともかく，ここではこの定理は認めて，微積分学の基本定理 (2) の証明をします．

[定理 5.3.1 (2) の証明]　方針は，定理に出てくる $\int_a^b f'(x)\mathrm{d}x$ を近似するリーマン和をうまく作って，それが $f(b)-f(a)$ に収束することを示すことです．f' は連続と仮定したので，定理 4.3.1 によりリーマン積分可能です（f' の連続性はここでしか使いません．したがってこの証明は，f' がリーマン積分可能でありさえすれば通用します）．したがって，任意の $\varepsilon>0$ に対して $\delta>0$ を十分小さく取れば，

$$\begin{gathered}\text{分割の最大幅が } \delta \text{ 以下のどんなリーマン和も，}\\ \int_a^b f'(x)\mathrm{d}x \text{ と高々 } \varepsilon \text{ しか差がない}\end{gathered}\tag{5.7}$$

ようにできます．

さて，f が $x\in[a,b]$ で微分可能で導関数が $f'(x)$ であることは，定義に従って書

けば，「任意の $\varepsilon > 0$ に対して $\delta_x > 0$ を十分小さく取れば，

$$\text{すべての } y \in (x - \delta_x, x + \delta_x),\ y \neq x \text{ に対して} \\ \left| \frac{f(y) - f(x)}{y - x} - f'(x) \right| < \varepsilon \tag{5.8}$$

となること」でした．ここで，必要なら δ_x を小さく取り直して，$\delta_x \leq \delta$ となるようにしておきます．このとき，式 (5.8)は変わらず成り立つことに注意します．これらの区間をすべて集めれば $[a, b] \subset \bigcup_{x \in [a,b]} (x - \frac{1}{2}\delta_x, x + \frac{1}{2}\delta_x)$ なので，ハイネ－ボレルの定理によって有限個の点 $\{x_j\}_{j=1}^N$ を選んで $[a, b] \subset \bigcup_{j=1}^N (x_j - \frac{1}{2}\delta_{x_j}, x_j + \frac{1}{2}\delta_{x_j})$ とできます．ここで，$x_0 = a$ と $x_{N+1} = b$ に対する $[x_0, x_0 + \delta_{x_0})$ と $(x_{N+1} - \delta_{x_{N+1}}, x_{N+1}]$ は（ほかの区間ですでに覆われていたとしても）いつも付け足して，$[a, b] \subset \bigcup_{j=0}^{N+1} (x_j - \frac{1}{2}\delta_{x_j}, x_j + \frac{1}{2}\delta_{x_j})$ としておきます．

いま仮に上で選んだ点が，$x_1 < x_2 < \cdots < x_N$ と順序付けられていて，さらにすべての区間が隣の区間と交わるようになっているとします（図 5.1 参照）．このような $\{x_j\}_{j=1}^N$ がいつでも見つけられることは，後で証明します．このとき，すべての $0 \leq j \leq N$ に対して，

(i) x_j が $(x_{j+1} - \delta_{x_{j+1}}, x_{j+1} + \delta_{x_{j+1}})$ に含まれる，
(ii) x_{j+1} が $(x_j - \delta_{x_j}, x_j + \delta_{x_j})$ に含まれる

のどちらかが起こります．これは区間を覆うときに，δ_x に余計な $\frac{1}{2}$ を付けておいたおかげです．どちらも起きないとすると，δ_{x_j} と $\delta_{x_{j+1}}$ はどちらも $|x_j - x_{j+1}|$ より小さいことになりますが，そうすると

$$\frac{1}{2}\delta_{x_j} + \frac{1}{2}\delta_{x_{j+1}} < |x_j - x_{j+1}|$$

となって，$(x_j - \frac{1}{2}\delta_{x_j}, x_j + \frac{1}{2}\delta_{x_j})$ と $(x_{j+1} - \frac{1}{2}\delta_{x_{j+1}}, x_{j+1} + \frac{1}{2}\delta_{x_{j+1}})$ の間に隙間ができてしまうので不合理です．

さて，定理に出てくる $\int_a^b f'(x)\mathrm{d}x$ を近似するリーマン和を作りましょう．分点は上で見つけた $\{x_j\}_{j=0}^{N+1}$ とし，ξ_j は (i) のときは x_{j+1}，(ii) のときは x_j としてリーマン

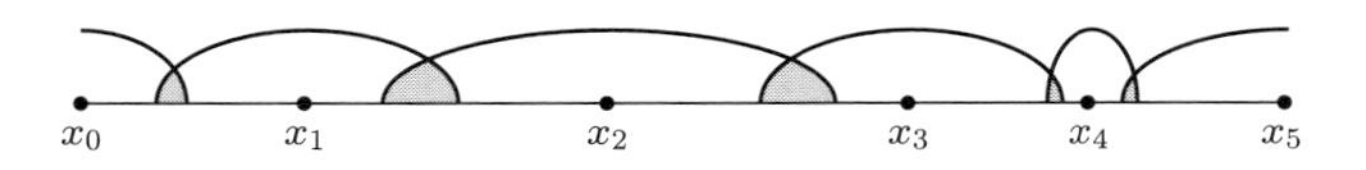

図 5.1　微積分学の基本定理の証明で用いた，都合のよい被覆．

和 $S(f';\underline{x},\underline{\xi})$ を定めます．すると ξ_j の決め方から，(i) の場合は $x=x_{j+1}, y=x_j$，(ii) の場合は $x=x_j, y=x_{j+1}$ として式 (5.8)を使うことができて，いずれにせよ

$$|f'(\xi_j)(x_{j+1}-x_j)-\big(f(x_{j+1})-f(x_j)\big)|\le\varepsilon(x_{j+1}-x_j)$$

が成り立ちます．したがって，次のような置き換えができます：

$$\begin{aligned} S(f';\underline{x},\underline{\xi}) &= \sum_{j=0}^{N} f'(\xi_j)(x_{j+1}-x_j) \\ &= \sum_{j=0}^{N}\left(f(x_{j+1})-f(x_j)+\text{高々}\,\varepsilon(x_{j+1}-x_j)\,\text{の誤差}\right) \\ &= f(b)-f(a)+\text{高々}\,\varepsilon(b-a)\,\text{の誤差}. \end{aligned} \tag{5.9}$$

ここで式 (5.7)を思い出すと，$S(f';\underline{x},\underline{\xi})$ も $\int_a^b f'(x)\mathrm{d}x$ と高々 ε しか差がないので，上の評価と合わせて

$$\begin{aligned} &\left|f(b)-f(a)-\int_a^b f'(x)\mathrm{d}x\right| \\ &\quad\le \left|f(b)-f(a)-S(f';\underline{x},\underline{\xi})\right| + \left|S(f';\underline{x},\underline{\xi})-\int_a^b f'(x)\mathrm{d}x\right| \\ &\quad\le (b-a+1)\varepsilon \end{aligned}$$

が得られます．最後に $\varepsilon>0$ は何でもよかったことを思い出すと，$f(b)-f(a)$ と $\int_a^b f'(x)\mathrm{d}x$ の差が 0 でなければならないことが示されました．

MEMO 表面的には極限がないのに ε が出てくるのを奇異に感じる人もいるようですが，$\int_a^b f'(x)\mathrm{d}x$ は元々はある種の極限で，それをリーマン和で近似したことから ε が生じたのです．この種の議論は，ネイピア数が無理数であることの証明でも使いました．

上の議論の途中で被覆に仮定をおきました．ハイネ－ボレルの定理は有限被覆の存在は保証しますが，それが上のような**都合のよい**被覆であるとは限りません．ここではそういう被覆が取れることを証明します．まず $[x_0, x_0+\frac{1}{2}\delta_{x_0})$ について，$x_0+\frac{1}{2}\delta_{x_0}>b$ ならこれ一つで $[a,b]$ が覆えているので，これを元の被覆の代わりに使えば問題ありません．そうでないときには，これと交わる $(x_j-\frac{1}{2}\delta_{x_j}, x_j+\frac{1}{2}\delta_{x_j})$ で，

$$x_0 + \frac{1}{2}\delta_{x_0} < x_j + \frac{1}{2}\delta_{x_j} \tag{5.10}$$

となるものが存在します（そうでなければ $x_0 + \frac{1}{2}\delta_{x_0}$ という点が覆えません）．そのような区間の中で $x_j + \frac{1}{2}\delta_{x_j}$ が最大になるものを $(x_1' - \frac{1}{2}\delta_{x_1'}, x_1' + \frac{1}{2}\delta_{x_1'})$ とします．次に，これと交わる $(x_j - \frac{1}{2}\delta_{x_j}, x_j + \frac{1}{2}\delta_{x_j})$ の中で $x_j + \frac{1}{2}\delta_{x_j}$ が最大になるものを $(x_2' - \frac{1}{2}\delta_{x_2'}, x_2' + \frac{1}{2}\delta_{x_2'})$ とします．このとき，$x_1' < x_2'$ であることがわかります．実際，仮に $x_1' \geq x_2'$ とすると，式(5.10)と同じ理由で $x_1' + \delta_{x_1'} < x_2' + \delta_{x_2'}$ であることと合わせて

$$x_1' - \delta_{x_1'} > x_2' - \delta_{x_2'}$$

となることがわかりますが，これは $(x_2' - \delta_{x_2'}, x_2' + \delta_{x_2'})$ が $[x_0, x_0 + \delta_{x_0})$ と交わることを意味するので，x_1' を定めた時点で x_2' のほうを使うべきだったということになり，不合理です．以下同様にこの手続きを，区間の右端が b より大きくなるまで繰り返して，区間 $\{(x_j' - \delta_{x_j'}, x_j' + \delta_{x_j'})\}_{j=0}^{N'}$ を選び出します．これは上の議論で仮定した「隣どうしの区間が交わる」という条件を満たすように作られているので，これでようやく証明が完結します． □

最後に，命題 5.2.1 の単調性の主張を，f の微分可能性の仮定だけで示す方法を説明しておきましょう．鍵となるのは式(5.9)で，この式は f' のリーマン積分可能性を仮定しなくても成立します．ここで，たとえば $[a,b]$ 上で $f' \geq 0$ と仮定すると，リーマン和も非負の項の和になるので $S(f'; \underline{x}, \underline{\xi}) \geq 0$ です．すると式(5.9)から

$$f(b) - f(a) \geq -\varepsilon(b-a)$$

となって，$\varepsilon > 0$ はいくらでも小さく取れるので $f(b) - f(a) \geq 0$ となるしかないことがわかります．この議論は $[a,b]$ をそれに含まれる区間 $[c,d] \subset [a,b]$ に取り替えても成立するので，f は $[a,b]$ 上で単調増加であることが従います．

狭義単調性は，少しトリッキーですが，$[a,b]$ 上で $f' > 0$ と仮定し，f が狭義単調増加でない，つまりある $a \leq c < d \leq b$ を満たす c, d について $f(c) \geq f(d)$ とします．このとき f が単調増加であることはすでに示したので，区間 $[c,d]$ の上で f は定数になります．ところがこれは $f'(\frac{c+d}{2}) = 0$ を意味するので不合理です．

これは，定理の証明が定理自身より多くの情報を含んでいることを示すよい例です．微積分学の基本定理は $f(b) - f(a)$ を f' の積分というまとまった形で表すよう

に書かれていますが，形にこだわらなければ，関数の変動と導関数の関係は式 (5.9) のようにも表せて，それで十分な場合もあるということです．

Column　導関数の連続性・積分可能性

命題 5.2.1 でおいた「f' が連続」という仮定は不要だったことがわかりました．この仮定は主に微積分学の基本定理の (2) を使うためでしたが，この定理は「f' がリーマン積分可能」という仮定だけで示したので，結局のところ上の議論で対処したのは「f は微分可能だが，f' がリーマン積分可能でない」という場合です．ところでそんな関数が本当に存在するのでしょうか？

実はそういう関数を作るのはかなり困難で，f' の有界性も仮定するとさらに難しくなりますが，どちらにせよ存在することが証明できます．ですから，かなり極端な例外処理とはいえ，上の議論にはちゃんと意味があります．一方で「f は微分可能で，f' は有界だがリーマン積分可能でない」ような関数が存在するのは，リーマン積分の欠点だと考えた人もいました．たとえばルベーグ (Lebesgue) はこの問題を一つの動機として新しい積分論を展開し，その枠組みでは f が有界な導関数をもてば微積分学の基本定理が成り立つことを示しました．これは，数学を専門とする学生が普通 3 年次くらいで学習することになっています．

5.6　平均値の定理を避ける理由

実は微積分学の基本定理 (2) の証明は，平均値の定理を使えば (1) に帰着させることができて簡単になります．また，例 5.5.1 で指摘した問題を，平均値の定理を使って解決する方法もあり，そうすれば本書の方針でもかなり易しくなります．しかし本書ではあえてそれを避けて，かなり面倒な議論をしました．その理由を釈明しておきます．

平均値の定理は，実数に特有の「大小関係」に強く依存しており，関数がベクトル値になると一般には成立しません．ところが 4.4 節で触れたように，微積分学の応用ではベクトル値の関数を考えることはほとんど必須ですから，ベクトル値でも変わらずに通用する方法で証明するのがよいと思います[†3]．本書でも，第 9 章で曲線の長さを考察するときには，1 変数でベクトル値の関数を対象にします．前の節

[†3] 平均値の定理を使う証明でも，有限次元ならベクトル値関数を成分ごとに分けて考えるという方法で証明はできるので，不可避な問題が生じるわけではありませんが．

で行った微積分学の基本定理の証明は，関数の値の絶対値をすべてベクトルの大きさに置き換えれば，ベクトル値関数に対してもそのまま通用するようになっています．したがって，その応用としてこの後に示すいろいろな結果も，結果自体が関数の大小関係に関するものでない限り，そのまま成立します．

また，平均値の定理の証明も一度は見ておいてほしいのですが，易しい議論ではありません．そうすると，微積分学の基本定理の証明が平均値の定理を使えば短くなるのは，難しいところをそこに押し込めただけ，という感じもします．微分と積分が互いに逆演算であるという，微積分学で最も重要な定理の証明の技術的な核心がほかの定理の証明の中に隠されているのは，あまり好ましいこととは思われません．

そういうわけで，本書では微積分学の基本定理の証明は，どうしてそれが成り立つのかが証明の中に明確に現れ，さらにベクトル値関数に対してもそのまま通用する方法にこだわることにしました．

第 6 章

微分 ②：関数の近似

前の章では微分の定義を復習しましたが，その意味については追究せずに，積分との関係だけを問題にしました．この章では，微分に「複雑な関数を単純な関数で近似する」という役割があることを説明します．これは，本書の後に多変数の微積分を学ぶにあたって，必ず理解しておく必要がある内容です．また，前の章で証明した微積分学の基本定理を用いることによって，高階微分まで援用した近似理論が展開できることがわかり，いろいろと印象的な応用も現れます．

6.1 ランダウの記号：無限小の比較

初めに，関数の近似を効率的に表現するための記号を導入します．これは微分の意味をわかりやすくするためですが，それにとどまらず，自然科学で数学を用いる場面ではよく使われる表現でもあります．

簡単な例から始めましょう．x と x^2 を比べると，$x \to 0$ では x よりも x^2 のほうが速く 0 に収束します．こういうときは「x^2 は x より高次の無限小である」といい，$x^2 = o(x)$ $(x \to 0)$ と書きます[†1]．この o という記号は，おそらく無限小の次数 = order の頭文字に由来していて，エトムント・ランダウ (Edmund Landau) という数学者が使い始めたのでランダウの記号とよばれています．

久しぶりに十進数表示を使って様子を見ると，$x = 0.1$ なら $x^2 = 0.01$，$x = 0.01$ なら $x^2 = 0.0001$，のようになっています．このうち $x = 0.1$ としているほうは，実験系科学を学んでいる人には，いわゆる有効数字の考え方に似ているように見えると思います．ランダウの記号の最初の理解としては，$o(x^n)$ $(x \to 0)$ とは有効数字

[†1] 後に続く $(x \to 0)$ は省略してはいけません．$x^2 = o(x)$ $(x \to 0)$ ですが，$x = o(x^2)$ $(x \to \infty)$ です．ただし後者は無限大の比較になっていて，本書では使いません．

n 桁の精度で議論するときに無視してもよい量，と捉えるのは悪くない考え方です．

ただし，いつでもそれでよいわけではありません．たとえば $10^{23}x^2 = o(x)\ (x \to 0)$ ですが，$x = 0.1$ における大小関係は逆になっています．この場合は $|x| < 10^{-12}$ くらいで正しい大小関係になりますが，ランダウの記号は近似が成立する x の範囲については情報を与えません．

より一般に $\lim_{x\to 0} \frac{f(x)}{g(x)} = 0$ のとき，$f(x) = o(g(x))\ (x \to 0)$ と書きます．たとえば $\lim_{x\to 0} f(x) = 0$ であることは，$f(x) = o(1)\ (x \to 0)$ とも表せます．一方で f, g が同じ速さで収束するとき，つまり $x \to 0$ で $\frac{f(x)}{g(x)} \to 1$ となるときは，$f(x) \sim g(x)\ (x \to 0)$ と書きます．これは $f(x) = g(x) + o(g(x))\ (x \to 0)$ と同じことです．たとえば，高校の数学で学んだように $\sin x \sim x\ (x \to 0)$ です．

この節に書いたことは，$o(f(x))$ という記号の意味を追究すると意外に難しいところもあるのですが，とりあえずは深く考えずにこの章を読み進めて，使い方に慣れれば十分だと思います．

6.2　微分と 1 次関数による近似の関係

関数 f の微分が点 $(a, f(a))$ での接線の傾きを表すことは知っていると思います．それは幾何学的な解釈ですが，解析的な解釈も知っておくと理解が深まります．そのためにまず，微分の定義を少し変形して

$$\lim_{h\to 0} \frac{f(a+h) - f(a) - f'(a)h}{h} = 0$$

と書き直しましょう．これは分子が h より速く 0 に収束することを意味するので，ランダウの記号を使って

$$f(a+h) = f(a) + f'(a)h + o(h), \quad h \to 0$$

とも表せます．この式は，$f(a+h)$ が $f(a) + f'(a)h$ という 1 次関数で（高次の無限小を除いて）近似できることを表しています．

これは接線の傾きという解釈とも対応していて，図 6.1 のようにある点の周りでグラフを拡大すると，接線は $y = f(x)$ のグラフとほとんど区別がつかなくなることが，上の近似の幾何学的意味なのです．接線以外の直線はより悪い近似ですから，

$$\text{微分} \longleftrightarrow \text{接線} \xleftrightarrow{\text{new}} 1 \text{ 次関数による最良近似}$$

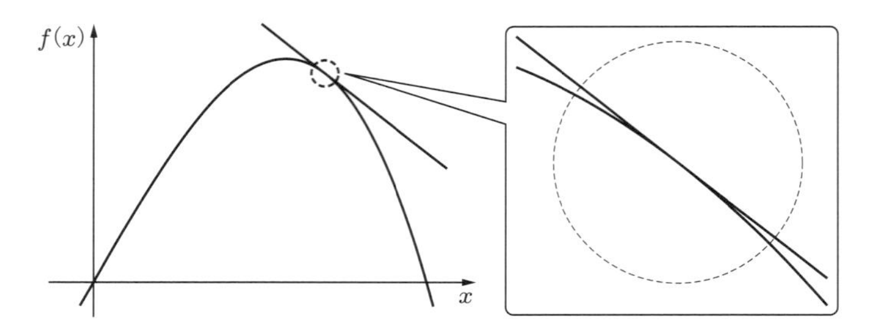

図 6.1　左：微分可能な関数とその接線のグラフ．右：左の図の円の周辺を拡大した図．拡大すると，元のグラフと接線は近くなり，区別がつかなくなっていく．

というつながりがあるということです．

一般の微分可能な関数が，最も簡単な関数である 1 次関数で近似できることはいろいろと有用です．

例 6.2.1　$\cos 1$（単位は弧度法）の近似値を求めてみましょう．cos は連続関数なので 1 に近い値を代入すればよく，たとえば $\cos\frac{\pi}{3} = \frac{1}{2}$ を近似値とするのが最も安直な方法です（これを 0 次近似ということがあります）．しかし微分 $\cos'\frac{\pi}{3} = -\frac{\sqrt{3}}{2}$ も使えば，次のように改良できます（図 6.2 も参照）[†2]：

$$\cos 1 \fallingdotseq \frac{1}{2} - \frac{\sqrt{3}}{2}\left(1 - \frac{\pi}{3}\right) = 0.54038\cdots.$$

実際の値を関数電卓などで確かめると $0.54030\cdots$ なので，かなり改善していることがわかります．　□

MEMO　上の例の計算で，$\sqrt{3}$ や π の近似値は自由に使っています．平方根の近似値は求め方を知っていると思いますが，後で付録の例 A.1.1 でも見ます．円周率の近似値は少し難しいですが，7.5 節で詳しく扱います．

微分を使って，与えられた（微分可能な）関数を 1 次関数で近似することができることがわかりました．これによって，

1 次関数に対して成り立つことは，
局所的には微分可能な関数に対しても成り立つ

ということが期待され，このスローガンを（適当な条件のもとで）確かめていくのが，微分の理論の第一歩です．たとえば，関数の増減と微分の関係を述べた命題 5.2.1 を

---

†2　以下の式で，数値が近いことを“$\fallingdotseq$”で表しています．これまでに使ってきた“$\approx$”や“$\sim$”は二つの関数がある極限において近いことを表す記号なので，意味が異なります．

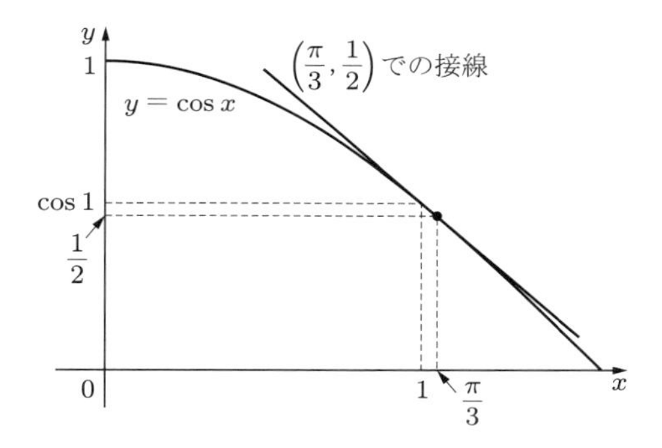

図 6.2 $\cos 1$ の近似値を求めるのに，$y = \cos x$ 上の点 $(\frac{\pi}{3}, \frac{1}{2})$ における接線 $y = \frac{1}{2} - \frac{\sqrt{3}}{2}(x - \frac{\pi}{3})$ の，$x = 1$ での値を使うことができる．

上のスローガンに即して見直すと，

- 傾きが 0 の 1 次関数は定数関数である，
- 傾きが正の 1 次関数は増加関数である，
- 傾きが負の 1 次関数は減少関数である

という性質が，「傾き」を「微分」に置き換えることで，微分可能な関数に対しても成り立つということになっています．

本書で扱っている 1 変数の微積分に続けて学ぶべき多変数の微積分でも，1 次関数が線型写像に変わるだけで，このスローガンは同じです．ですから，多変数の微分を理解するには，線型代数をある程度わかっている必要があります．そうでないと，よくわからないものをよくわからないもので近似したことになってしまいます．

6.3 微分の計算法則と置換積分公式・部分積分公式

微分を計算するためのいろいろな法則は，5.1 節で事実だけは復習しました．そのほとんどは，極限の定義を第 3 章の現代的なものにしても，高校の数学の教科書での証明がそのまま通用します．したがって，ここであらためて証明する必要はないのですが，新しく導入したランダウの記号に慣れるためには，いくつかの証明を見直しておくのがよいと思うので，やっておきます．まずは四則演算に関する法則です．

命題 6.3.1　微分可能な関数 f, g に対して，

(1) $(f+g)' = f' + g'$,

(2) $(fg)' = f'g + fg'$,

(3) $g \neq 0$ となる点では $\left(\frac{f}{g}\right)' = \frac{f'g - fg'}{g^2}$.

[証明]　ここでは積の微分についてのみ証明をします．まず，関数 fg が a で微分可能であることは，ある定数 c があって

$$f(a+h)g(a+h) = f(a)g(a) + ch + o(h), \quad h \to 0$$

となることと同値で，このとき $c = (fg)'(a)$ となるのでした．いま，f と g がともに a で微分可能と仮定しているので，$h \to 0$ で

$$f(a+h) = f(a) + f'(a)h + o(h), \tag{6.1}$$

$$g(a+h) = g(a) + g'(a)h + o(h) \tag{6.2}$$

が成り立ちます．そこで式 (6.1) と式 (6.2) の両辺の積を取ると，$h \to 0$ で

$$\begin{aligned} f(a+h)g(a+h) = f(a)g(a) &+ (f'(a)g(a) + f(a)g'(a))h \\ &+ (f(a) + g(a))o(h) + f'(a)g'(a)h^2 + o(h)^2 \end{aligned}$$

となりますが，2 行目に現れる項はすべて h より速く 0 に収束するので，まとめて $o(h)$ と書き直せます．これで証明が終わります．　□

上の証明における「書き直し」に不安を感じる人がいるようです．その場合は，ランダウの記号の意味を見直してもよいですが，とりあえずは書き直しを行う前の式を

$$\frac{f(a+h)g(a+h) - f(a)g(a)}{h} = f'(a)g(a) + f(a)g'(a) + \cdots$$

と変形して，そこで $h \to 0$ としてみるとよいでしょう．それを上の証明と見比べて，ランダウの記号がゴミ箱のようなものに見えてきたら，よくわかっていると思います．ちなみに，商の微分公式の証明を同じようにしようとすると，分母に出てくる $o(h)$ の処理がけっこう大変であることがわかると思います．しかし公式自体は高校の数学で証明していて，その方法のほうが簡単なので，ここではあえて苦しい方法で証明し直すことはしません．

次に，合成関数の微分公式を見直します．これは連鎖律ともよばれ，微分の最も重要な性質の一つです．

定理 6.3.2（連鎖律） f が a で微分可能，g が $f(a)$ で微分可能ならば，$g \circ f$ も a で微分可能で，

$$(g \circ f)'(a) = g'(f(a))f'(a)$$

が成り立つ．

右辺で g' の変数が $f(a)$ であることに注意が必要ですが，それを別にすれば「合成関数の微分は，それぞれの関数の微分の積」という単純な形です．ここで前の節のスローガンを思い出すと，連鎖律の背景にあるのは，「二つの1次関数を合成すると，その傾きは元の二つの関数の傾きの積になる」という事実です．

Check $f(x) = ax + b$ と $g(x) = cx + d$ を合成して，上に書いた事実を確かめよ．

関数の合成は，実験で行ったある操作がいくつかの段階に分かれて結果に影響を与える，というような状況を表す基本的な概念です（操作が x の代入，最初の段階の結果が $f(x)$，最終的な影響が $g \circ f(x) = g(f(x))$ ということです）．しかし，$\sin(\tan^2(x))$ のように合成された関数のグラフを想像することは，そんなに簡単なことではありません．連鎖律のありがたさは，微分して増減や変曲点を調べるだけなら，それぞれの関数を微分して積を取るという，比較的単純な計算でできるようにしてくれることです．

Check 連鎖律を使って $\sin(\tan^2(x))$ の微分を計算せよ．

[定理 6.3.2 の証明] 連鎖律の証明は，その重要性の割には簡単です．f が a で微分可能であることから

$$f(a+h) = f(a) + f'(a)h + o(h), \quad h \to 0$$

です．これを使うと

$$g(f(a+h)) = g(f(a) + f'(a)h + o(h)), \quad h \to 0 \tag{6.3}$$

となります．いま g は $f(a)$ で微分可能で，$\tilde{h} = f'(a)h + o(h)$ とおくと，これは $h \to 0$ で 0 に収束するので，右辺は

$$\begin{aligned} g(f(a)+f'(a)h+o(h)) &= g(f(a)+\tilde{h}) \\ &= g(f(a))+g'(f(a))\tilde{h}+o(\tilde{h}) \end{aligned}$$

となります．ここで，$\tilde{h}$ より速く 0 に収束するものは h よりも速く 0 に収束することを使って $o(\tilde{h})$ を $o(h)$ に置き換え，それを右辺第 2 項の $\tilde{h}$ から出てくる $o(h)$ とまとめて，式 (6.3) とつなげれば

$$g(f(a+h)) = g(f(a))+g'(f(a))f'(a)h+o(h), \quad h \to 0$$

が得られます．これは $(g \circ f)'(a) = g'(f(a))f'(a)$ を意味するのでした．□

逆関数の微分については，5.1 節で述べたとおり，公式だけは高校で学んでいますが，本書では関数の微分可能性なども含めた以下の定理を示します．

定理 6.3.3（逆関数の微分定理）　f は $[a,b]$ で連続であり，すべての $x \in (a,b)$ において微分可能で $f'(x)>0$（または，すべての $x \in (a,b)$ において微分可能で $f'(x)<0$）とする．このとき $f\colon [a,b] \to [f(a),f(b)]$ は全単射であり，さらに逆関数 f^{-1} はすべての $x \in (f(a),f(b))$ において微分可能で，

$$(f^{-1})'(x) = \frac{1}{f'(f^{-1}(x))}$$

が成り立つ．

ここでも前の節のスローガンを思い出しておくと，「1 次関数の逆関数の傾きは，元の関数の傾きの逆数になる」という事実が背景にあります．

Check　$f(x) = ax+b \ (a \neq 0)$ の逆関数を求めることで，上に書いた事実を確かめよ．

Check　定理 6.3.3 が適用できる適当な関数のグラフを描いて，主張の正しさを確かめよ．とくに，なぜ右辺の変数がこのような形になるのかを確認せよ（ヒント：$y=f^{-1}(x)$ のグラフは，$y=f(x)$ のグラフを $y=x$ に関して線対称に折り返したものである）．

この定理 6.3.3 は，高校の数学の教科書では f^{-1} の存在と微分可能性を仮定して説明されていますが，ここでは逆関数の存在と微分可能性も定理の主張に含まれています．この部分の証明が大変なので，この定理の証明は付録の B.4 節で与えます．

ここではとりあえず定理の主張を認めて，1.1 節の議論の一部を正当化しておきましょう．

例 6.3.4 振り子の時刻 t における振れ角を $\theta(t)$ とします．これは物体の運動に関するものなので，連続関数であることは仮定します．この関数は

$$\frac{\mathrm{d}\theta}{\mathrm{d}t}(t) = \sqrt{2g\sin\theta(t)} \tag{6.4}$$

を満たすのでした．おもりは有限の時間で鉛直方向に到達する（つまり $\theta(t)$ が初めて $\frac{\pi}{2}$ になる）として，その時刻を T とします．すると $t \in (0, T)$ では式 (6.4)の右辺は正なので，逆関数の微分定理から，$[0, \frac{\pi}{2}]$ で定義された θ の逆関数 t が存在して

$$\frac{\mathrm{d}t}{\mathrm{d}\theta}(\theta) = \frac{1}{\sqrt{2g\sin\theta}}$$

が成り立ちます． □

ここからは，この節で示した微分の計算法則と微積分学の基本定理を組み合わせて，積分に関する公式を二つ証明します．一つ目は置換積分公式です．

定理 6.3.5（置換積分公式） f は区間 $[\alpha, \beta]$ で連続，φ は $[a, b]$ で微分可能で φ' も連続とする．さらに $\alpha = \varphi(a)$, $\beta = \varphi(b)$ とすると

$$\int_\alpha^\beta f(x)\mathrm{d}x = \int_a^b f(\varphi(t))\varphi'(t)\mathrm{d}t. \tag{6.5}$$

上の仮定に加えて，すべての $t \in [a, b]$ で $\varphi'(t) > 0$ であるとすると，

$$\int_a^b f(\varphi(t))\mathrm{d}t = \int_\alpha^\beta f(x)\frac{1}{\varphi'(\varphi^{-1}(x))}\mathrm{d}x. \tag{6.6}$$

[証明] まず，式 (6.5)の左辺を $\int_{\varphi(a)}^{\varphi(b)} f(x)\mathrm{d}x$ と書いて，b の関数と見て連鎖律と微積分学の基本定理を使うと，

$$\begin{aligned}\frac{\mathrm{d}}{\mathrm{d}b}\int_{\varphi(a)}^{\varphi(b)} f(x)\mathrm{d}x &= \left.\frac{\mathrm{d}}{\mathrm{d}\beta}\right|_{\beta=\varphi(b)} \left(\int_{\varphi(a)}^{\beta} f(x)\mathrm{d}x\right)\varphi'(b) \\ &= f(\varphi(b))\varphi'(b)\end{aligned}$$

となります [†3]．一方で式 (6.5)の右辺の微分は，微積分学の基本定理により

†3 $\left.\frac{\mathrm{d}}{\mathrm{d}\beta}\right|_{\beta=\varphi(b)}$ は「β の関数として微分してから，$\beta = \varphi(b)$ を代入する」という操作を表します．

$$\frac{\mathrm{d}}{\mathrm{d}b}\int_a^b f(\varphi(t))\varphi'(t)\mathrm{d}t = f(\varphi(b))\varphi'(b)$$

なので, 両辺の微分は一致しています．したがって, 命題 5.2.1 の (1) により式 (6.5) の両辺の差は定数です．ここで定義 4.2.1 を思い出すと，$b = a$ において式 (6.5) の両辺は 0 なので，その定数は 0 であることになります．これは，式 (6.5) の両辺が b の関数として一致していることを意味します．

もう一つの式 (6.6) の証明も，$b = \varphi^{-1}(\beta)$ によって両辺を β の関数とみなし，逆関数の微分定理を使えば，上と同じ議論で証明できます．□

次に，積の微分公式と微積分学の基本定理を組み合わせて，部分積分の公式を導きます．これは，次の節でテイラーの公式の証明に使います．

定理 6.3.6（部分積分公式）　f, g が区間 $[a, b]$ で微分可能で導関数 f', g' が連続ならば

$$\int_a^b f'(x)g(x)\mathrm{d}x = f(b)g(b) - f(a)g(a) - \int_a^b f(x)g'(x)\mathrm{d}x.$$

[証明]　積の微分公式により $(fg)' = f'g + fg'$ で，仮定よりこれは連続なので，微積分学の基本定理が適用できます．結果は

$$\begin{aligned} f(b)g(b) - f(a)g(a) &= \int_a^b (fg)'(x)\mathrm{d}x \\ &= \int_a^b (f'(x)g(x) + f(x)g'(x))\mathrm{d}x \\ &= \int_a^b f'(x)g(x)\mathrm{d}x + \int_a^b f(x)g'(x)\mathrm{d}x \end{aligned}$$

となり，これを整理すれば部分積分公式が得られます．□

ここで示した置換積分公式と部分積分公式を組み合わせると，多くの定積分を具体的に計算することができます．ただしいくつかの理由で，本書ではこの方向には踏み込みませんので，適当な微積分の教科書や演習書を参照してください．

第一の理由として，本書では微積分学の理論的な側面に重点を置いていて，その視点からは，振り子の周期や楕円の周の長さのように，具体的には計算できない積分のほうに重要性があります．そちらを強調したいのに，計算できる例を系統立てて詳

細に述べると，ややちぐはぐな印象になります．第二の理由として，最近のソフトウェアの進歩によって，結果が簡単な関数（正確には初等関数[†4]）で表せるような積分の計算は，コンピュータで高速かつ正確に行うことができるようになったことがあります．これにより，そのような計算に習熟する必要性は以前より薄れていると思います[†5]．積分計算を含む科学技術計算を，どれくらいコンピュータに任せることができるようになったのかを知りたければ，とりあえずはウルフラム (Wolfram) 社が無償で公開している

https://www.wolframalpha.com/

で遊んでみるのがよいと思います．ウェブサイト自体がマニュアルのようになっているので，プログラミングなどに慣れていない人でもすぐに使ってみることができます．

Column　置換積分公式の感覚的な説明

置換積分公式の証明は，上のように連鎖律を使って行うのが手っ取り早いのですが，どうして公式が成り立つのかはわかりにくいと思います．これは，リーマン積分の定義に戻ると感覚的な説明ができます．

記号の単純化のために $a=0, b=1$ とします．式 (6.5) の左辺の積分 $\int_\alpha^\beta f(x)\mathrm{d}x$ を，$\{\varphi(\frac{k}{n})\}_{k=0}^{n-1}$ を分点とするリーマン和の極限とみなします（f は連続で，したがってリーマン積分可能なので，好きな分割を使ってよいのです）：

$$\int_\alpha^\beta f(x)\mathrm{d}x \sim \sum_{k=0}^{n-1} f\left(\varphi\left(\frac{k}{n}\right)\right)\left(\varphi\left(\frac{k+1}{n}\right)-\varphi\left(\frac{k}{n}\right)\right), \quad n\to\infty.$$

ここで，φ は微分可能でしたから，$\varphi(\frac{k+1}{n})-\varphi(\frac{k}{n})=\varphi'(\frac{k}{n})\frac{1}{n}+o(\frac{1}{n})$ $(n\to\infty)$ と考えてもよさそうで，これを上の近似式に代入すれば，$n\to\infty$ で

$$\int_\alpha^\beta f(x)\mathrm{d}x \sim \sum_{k=0}^{n-1} f\left(\varphi\left(\frac{k}{n}\right)\right)\varphi'\left(\frac{k}{n}\right)\frac{1}{n} \sim \int_0^1 f(\varphi(t))\varphi'(t)\mathrm{d}t$$

と求める式が得られそうです．

この議論では，φ を使って積分区間 $[\alpha,\beta]$ を $[0,1]$ に写した際に分割が伸び縮みすることと，分割が細かいときにはその伸縮を微分を使って近似できることの二つ

[†4] 多項式関数，三角関数，指数関数と，それらの逆関数の有限回の合成で表せる関数のことです．

[†5] 意味がなくなった，とまでは思いません．趣味的に学ぶのは楽しいものですし，定番の手法については意味を考えたりすると，初等関数の理解が深まることはあります．また研究のレベルでは，どういう積分が計算可能かが素早くわかることは，確かに役に立つことがあります．

が置換積分公式の背景にあることがよくわかると思います．このように微小な区間の長さの変換が背景にあることを理解しておくことは，多変数での置換積分公式にあたる変数変換公式を理解する際に重要になります．なお，上で φ の微分可能性から導いた近似式をリーマン和に代入する手続きが危険なものであることは，微積分学の基本定理 (2) の証明の直前に注意したとおりですが，それを正当化して証明にすることも可能で，付録の B.2 節で実行します．

6.4　テイラーの公式：多項式による近似

例 6.2.1 では，微分が 1 次近似であるということを用いて $\cos 1$ の近似値を求めました．もしこの近似値をもっと精度よく知りたいとしたら，どうすればよいでしょう？

一つの方法は，最も簡単な 1 次関数にこだわらず，たとえば 2 次関数になることも許して最良近似を探すことです．関数 f と接線の関数 $f(a)+f'(a)(x-a)$ は「a での値と，a での微分が一致する」という関係にあり，実はこれが最良近似であることを保証しています．2 次関数であれば 2 階微分まで調整できるようになるので，自然な発想は「f と，a での値と，a での 2 階までの微分が一致する 2 次関数」を選ぶことでしょう．同様に，もっと高次の関数を考えることもできます．

例 6.4.1　ここでは関数 $\cos$ と，$\frac{\pi}{3}$ での値と，$\frac{\pi}{3}$ での 3 階までの微分が一致するような 3 次関数 p を求めてみましょう．$\cos\frac{\pi}{3}=\frac{1}{2}$ なので，$\left(\frac{\pi}{3},\frac{1}{2}\right)$ を通る 3 次関数の一般形

$$p(x)=\frac{1}{2}+a_1\left(x-\frac{\pi}{3}\right)+a_2\left(x-\frac{\pi}{3}\right)^2+a_3\left(x-\frac{\pi}{3}\right)^3$$

の係数 a_1,a_2,a_3 を決めるという方針で進めます．まず，この関数を微分すると

$$p'(x)=a_1+2a_2\left(x-\frac{\pi}{3}\right)+3a_3\left(x-\frac{\pi}{3}\right)^2$$

なので，$x=\frac{\pi}{3}$ を代入すると右辺第 1 項以外は消えて $p'\left(\frac{\pi}{3}\right)=a_1$ になります．これが $\cos'\frac{\pi}{3}=-\sin\frac{\pi}{3}=-\frac{\sqrt{3}}{2}$ と一致してほしいので，$a_1=-\frac{\sqrt{3}}{2}$ です．あと 2 回微分して同じことをすると，

$$p''\left(\frac{\pi}{3}\right)=2a_2,\ \cos''\frac{\pi}{3}=-\cos\frac{\pi}{3}=-\frac{1}{2}\ \text{なので}\ a_2=-\frac{1}{4},$$

$$p'''\left(\frac{\pi}{3}\right) = 3!a_3,\ \cos'''\frac{\pi}{3} = \sin\frac{\pi}{3} = \frac{\sqrt{3}}{2} \text{ なので } a_3 = \frac{\sqrt{3}}{12}$$

と決まります．したがって，求める 3 次関数は

$$p(x) = \frac{1}{2} - \frac{\sqrt{3}}{2}\left(x - \frac{\pi}{3}\right) - \frac{1}{4}\left(x - \frac{\pi}{3}\right)^2 + \frac{\sqrt{3}}{12}\left(x - \frac{\pi}{3}\right)^3$$

とわかりました．これに 1 を代入することで $\cos 1$ の近似値を計算すると $0.5403022\cdots$ が得られます．実際の値 $0.5403023\cdots$ と比較すると，確かに例 6.2.1 のときより近似精度が改善しています． □

この考えをさらに推し進めたものが，この節で学ぶテイラー (Taylor) の公式です．上の例で係数を決めた計算を振り返ると，一般に何回でも微分できる関数 f に対して，「f と，a での値と，a での n 階までの微分が一致するような n 次関数」は

$$f(a) + f'(a) + \frac{f''(a)}{2!}(x-a)^2 + \cdots + \frac{f^{(n)}(a)}{n!}(x-a)^n$$

であることがわかります（$f^{(n)}$ は n 階微分を表す記号でした）．これが元の関数のよい近似になっていることは，上の例では数値的に見ましたが，数学的な根拠は与えていないので，いまのところは予想にすぎません．

これに数学的な証明を与えて，さらに元の関数との誤差の明示的な表示も与えるのが，次のテイラーの公式です．これは，たくさんの応用がある有用な定理です．

定理 6.4.2（テイラーの公式）　関数 f は $[a,b]$ において $n+1$ 回微分可能で，$n+1$ 階導関数 $f^{(n+1)}$ が連続であるとする（このことを C^{n+1} 級という）．このとき，

$$\begin{aligned} f(b) = f(a) + f'(a)(b-a) + \frac{f''(a)}{2!}(b-a)^2 + \cdots + \frac{f^{(n)}(a)}{n!}(b-a)^n \\ + \int_a^b \frac{f^{(n+1)}(x)}{n!}(b-x)^n \mathrm{d}x. \end{aligned}$$

最後の積分を剰余項とよびます．これはあまりわかりやすい見た目をしていませんが，後で多くの場合に誤差項とみなせることを示します．なお，以下の証明を見ればわかりますが，$b < a$ であっても，区間を $[b,a]$ に読み替えて，積分に関する規約 $\int_a^b = -\int_b^a$ を思い出せば，テイラーの公式はそのまま成立します．

[定理 6.4.2 の証明]　最初に微積分学の基本定理を使って，それから部分積分を繰り返すと

$$
\begin{aligned}
f(b)-f(a) &= \int_a^b f'(x)\mathrm{d}x \\
&= -\int_a^b f'(x)(b-x)'\mathrm{d}x && \blacktriangleleft\ ' \text{ は } x \text{ に関する微分} \\
&= f'(a)(b-a)+\int_a^b f''(x)(b-x)\mathrm{d}x && \blacktriangleleft \text{ 部分積分} \\
&= f'(a)(b-a)-\int_a^b f''(x)\Big(\frac{1}{2}(b-x)^2\Big)'\mathrm{d}x \\
&= f'(a)(b-a)+\frac{1}{2}f''(a)(b-a)^2+\int_a^b \frac{f^{(3)}(x)}{2}(b-x)^2\mathrm{d}x \\
&\cdots \\
&= \sum_{k=1}^{n}\frac{f^{(k)}(a)}{k!}(b-a)^k+\int_a^b \frac{f^{(n+1)}(x)}{n!}(b-x)^n\mathrm{d}x
\end{aligned}
$$

となって，これが示すべきことでした． □

テイラーの公式の剰余項について，まず b が a に近いときには，前の n 次多項式の部分より小さいことが簡単にわかります．

定理 6.4.3（有限次のテイラー展開）　関数 f は $[a,b]$ において $n+1$ 回微分可能で，$n+1$ 階導関数 $f^{(n+1)}$ が連続であるとする．このとき，$h\to 0$ において

$$f(a+h)=f(a)+f'(a)h+\frac{f''(a)}{2!}h^2+\cdots+\frac{f^{(n)}(a)}{n!}h^n+o(h^n).$$

この結果は微分が1次近似だったことの拡張で，$n+1$ 階導関数が連続な関数は，$h\to 0$ において $o(h^n)$ の誤差を除いて n 次多項式で近似できることを示しています．これを「f を a において n 次までテイラー展開した」ということがあります．関数としての近似という視点を強調したい場合は，変数をよく使われる x にして，$x\to a$ において

$$f(x)=f(a)+f'(a)(x-a)+\frac{f''(a)}{2!}(x-a)^2+\cdots+\frac{f^{(n)}(a)}{n!}(x-a)^n+o((x-a)^n)$$

という書き方をすることもあります．

[定理 6.4.3 の証明]　ここでは $h>0$ と仮定して証明します．$h<0$ の場合も同じ議論です．テイラーの公式の剰余項で $b=a+h$ とした

$$\int_a^{a+h} \frac{f^{(n+1)}(x)}{n!}(a+h-x)^n \mathrm{d}x$$

に対して，積分の三角不等式（定理 4.2.2 の (4)）と $|a+h-x|^n \leq h^n$ を使うと

$$\left|\int_a^{a+h} \frac{f^{(n+1)}(x)}{n!}(a+h-x)^n \mathrm{d}x\right| \leq \frac{h^n}{n!}\int_a^{a+h} |f^{(n+1)}(x)| \mathrm{d}x$$

となります．ここで定理 3.3.3 により $f^{(n+1)}$ は有界，つまりすべての x で $|f^{(n+1)}(x)| \leq M$ となる $M > 0$ があるので，積分の単調性と定数関数の積分（定理 4.2.2 の (5) と (2)）を使うと

$$\int_a^{a+h} |f^{(n+1)}(x)| \mathrm{d}x \leq \int_a^{a+h} M \mathrm{d}x \leq Mh$$

です．上の二つの不等式を組み合わせると

$$\frac{1}{h^n}\left|\int_a^{a+h} \frac{f^{(n+1)}(x)}{n!}(a+h-x)^n \mathrm{d}x\right| \leq \frac{Mh}{n!}$$

となって，この右辺は $h \to 0$ で 0 に収束するので，剰余項が $o(h^n)$ であることが示されました． □

テイラーの公式の計算練習は，とりあえずよく知っている関数が 0 の近くでどのような多項式で近似できるかを見ておくとよいでしょう．結果だけ書くと

$$\begin{gathered}
e^x = 1 + x + \frac{x^2}{2} + \frac{x^3}{6} + \frac{x^4}{24} + \cdots, \\
\sin x = x - \frac{x^3}{6} + \frac{x^5}{120} - \frac{x^7}{5040} + \cdots, \\
\cos x = 1 - \frac{x^2}{2} + \frac{x^4}{24} - \frac{x^6}{720} + \cdots, \\
\tan x = x + \frac{x^3}{3} + \frac{2x^5}{15} + \frac{17x^7}{315} + \cdots, \\
\log(1+x) = x - \frac{x^2}{2} + \frac{x^3}{3} - \frac{x^4}{4} + \cdots, \\
(1+x)^{1/2} = 1 + \frac{x}{2} + \frac{\frac{1}{2}\left(\frac{1}{2}-1\right)}{2!}x^2 + \frac{\frac{1}{2}\left(\frac{1}{2}-1\right)\left(\frac{1}{2}-2\right)}{3!}x^3 + \cdots
\end{gathered}$$

となります．最後の $\cdots$ は剰余項で，この例では具体形は省略しました．

ちょっと変わった例として，以下のような計算も一度はしておくとよいと思います．

Check $f(x) = x^4$ を，0 において 3 次までテイラー展開せよ．

実際に計算してみると，結果に驚く人がいるかもしれません．その場合は，テイラーの公式がどういうものだったかを忘れている可能性が高いので，「多項式による最良近似」という意義を思い出して，何もおかしくないことを納得するまで考えてください．剰余項を積分で具体的に書いて，その積分を計算してみれば理解が深まるかもしれません．

Column　テイラーの公式の別証明

テイラーの公式は部分積分の繰り返しで証明するのが簡単ですが，やや思いつきにくい証明かもしれません．ほかにもいろいろな方法があります．たとえば「f の n 階導関数 $f^{(n)}$ を n 回積分すれば f に戻る」という方法があって，アイデアが記憶しやすいので紹介します．

まず 1 回積分すると，微積分学の基本定理で

$$f^{(n-1)}(x_1) - f^{(n-1)}(a) = \int_a^{x_1} f^{(n)}(x_0)\mathrm{d}x_0$$

です．これをもう一度積分すると，$f^{(n-1)}(a)$ は定数なので

$$f^{(n-2)}(x_2) - f^{(n-2)}(a) - f^{(n-1)}(a)(x_2 - a) = \int_a^{x_2}\int_a^{x_1} f^{(n)}(x_0)\mathrm{d}x_0\mathrm{d}x_1$$

となって，これを何度も繰り返すと，

$$f(x_n) - f(a) - \sum_{k=1}^{n-1}\frac{f^{(k)}(a)}{k!}(x_n - a)^k = \int_a^{x_n}\cdots\int_a^{x_1} f^{(n)}(x_0)\mathrm{d}x_0\cdots\mathrm{d}x_{n-1}$$

が得られます．この右辺が剰余項になるわけです．見た目は定理 6.4.2 と違いますが，もちろん同じものです．それを確かめなくても，たとえば定理 6.4.3 の証明は，$x_n = a + h$ としたとき $a \leq x_0 \leq \cdots \leq x_{n-1} \leq a + h$ となることに注意してこの式を用いれば，まったく同じようにできます．

6.5 テイラーの公式の応用：不定形の極限

高校の数学で学んだように，二つの関数の商 $\frac{f(x)}{g(x)}$ の極限で，形式的に $\frac{0}{0}$ または $\frac{\infty}{\infty}$ になるものは，その極限値を求めるのにさらなる解析が必要で，不定形とよぶのでした．この種の極限を求めるのにテイラーの公式が役に立つことがあります．

例 6.5.1 次の極限を求めてみましょう：

$$\lim_{x\to 0} \frac{x - \sin x}{x(1-\cos x)}.$$

この分子は $\sin x \sim x$ $(x \to 0)$ を思い出すと，x より速く 0 に近づくことがわかります．分母についても $1 - \cos x = o(1)$ $(x \to 0)$ ですから，もっと詳しく見ないと極限はわかりません．そこで，sin, cos の 0 における有限次のテイラー展開

$$\sin x = x - \frac{x^3}{6} + o(x^3), \quad \cos x = 1 - \frac{x^2}{2} + o(x^2)$$

を使ってみると，$x \to 0$ において

$$\begin{aligned}\frac{x - \sin x}{x(1-\cos x)} &= \frac{-\frac{x^3}{6} + o(x^3)}{x(-\frac{x^2}{2} + o(x^2))} \\ &= \frac{-\frac{1}{6} + o(1)}{-\frac{1}{2} + o(1)} \\ &\to \frac{1}{3}\end{aligned}$$

と極限が求められます．　□

上の議論では，暗黙に次の結果を使いました．

Check　整数 m, n に対し $x^m o(x^n) = o(x^{m+n})$ $(x \to 0)$ であることを示せ．

ランダウの記号を使った議論は，上の例のような極限を考えるときにはわかりやすいですが，π の近似計算など数値的な計算をするときには注意が必要です．たとえば $x + 10^{23}x^2 = x + o(x)$ $(x \to 0)$ ですが，$x = 0.01$ での左辺の値を，右辺の第 1 項だけを使って近似するのは馬鹿げています．もちろん，$x = 10^{-100}$ とでもすれば $x + 10^{23}x^2 = 10^{-100} + 10^{-177}$ ですから，右辺第 1 項を近似値とすることには何の問題もないわけですが，ランダウの記号は大きな係数を隠しているかもしれないことにはいつも注意が必要です．別の言い方をすると，近似が有効な範囲については何も教えてくれない，ともいえます．このことは 6.1 節でも述べましたが，誤解しやすいところなので，再度注意しておきます．

このような事情を考えると，$o(\cdots)$ の部分がはっきり書いてあるほうが有効な場合があることは想像できると思います．これは，不等式の形で実現するのが一つの方法です．例を二つ見ておきましょう．

例 6.5.2　$\sin x$ にテイラーの公式を適用して，剰余項も正確に書いた

$$\sin x = x - \frac{x^3}{6} + \int_0^x \frac{1}{24}(\cos y)(x-y)^4 \mathrm{d}y$$

を出発点にします．右辺の積分は「はっきり書いてある」といえなくもないのですが，その前の多項式に比べると複雑に見えます．ここで，たとえば $0 < x < \frac{\pi}{2}$ とすれば積分範囲で $\cos y > 0$ なので，積分も正で

$$\sin x > x - \frac{x^3}{6}$$

がわかります．つまり，片方の不等式なら，誤差なしで成立するわけです．一方で，積分範囲で $\cos y < 1$ であることを使えば

$$\begin{aligned}\sin x &< x - \frac{x^3}{6} + \int_0^x \frac{1}{24}(x-y)^4 \mathrm{d}y \\ &= x - \frac{x^3}{6} + \frac{x^5}{120}\end{aligned}$$

となるので，二つの不等式を合わせると

$$x - \frac{1}{6}x^3 < \sin x \leq x - \frac{1}{6}x^3 + \frac{1}{120}x^5$$

です．これなら，$x = 0.5$ くらいでも安心して使えそうですね．□

例 6.5.3 同じ方法で，いままでとは少し違う種類の極限 $\lim_{x\to\infty} \frac{x^m}{e^x} = 0$ $(m \in \mathbb{N})$ の証明をしてみましょう．e^x は何回微分しても e^x なので，テイラーの公式で $n = m+1$ として

$$e^x = \sum_{k=0}^{m+1} \frac{1}{k!}x^k + \int_0^x \frac{e^y}{(m+1)!}(x-y)^{m+1} \mathrm{d}y$$

と書けます．$x > 0$ ですべての項が正であることから $e^x \geq \frac{x^{m+1}}{(m+1)!}$ がわかり，

$$0 \leq \frac{x^m}{e^x} \leq \frac{x^m}{\frac{x^{m+1}}{(m+1)!}} = \frac{(m+1)!}{x} \to 0, \quad x \to \infty$$

となって，はさみうちの原理で証明が終わります．□

上の二つの例で扱った不等式の方法では，剰余項が不等式で評価しやすい形になっていることが重要です．実は，テイラーの公式は平均値の定理を用いて証明する方

法もあって，わずかに弱い条件[†6]で証明できるようになります．一方で，剰余項は違う形になり，少し評価しにくくなります．

Column ロピタルの定理について

不定形の極限を求める方法として，ロピタル (l'Hôpital) の定理を知っている人もいるかもしれません．その主張は，C^n 級の関数 f, g について，すべての $0 \leq k \leq n-1$ に対して $f^{(k)}(a) = g^{(k)}(a) = 0$ であり，さらに $g^{(n)}(a) \neq 0$ であるならば，$\lim_{x \to a} \frac{f(x)}{g(x)} = \lim_{x \to a} \frac{f^{(n)}(x)}{g^{(n)}(x)}$ が成り立つ，というものです．これは，条件の確認を忘れる人が多いことでも有名な定理ですが，テイラーの公式を使って簡単に証明することができ，またそうすると条件がなぜ必要か明解にわかります．

議論の要点を見やすくするために，関数 f, g は何回でも微分可能とし，$a \in \mathbb{R}$ において，それぞれ m 階，n 階までの微分が 0 であるとすると，有限次のテイラー展開により

$$\frac{f(x)}{g(x)} = \frac{\frac{1}{m!} f^{(m)}(a)(x-a)^m + o((x-a)^m)}{\frac{1}{n!} g^{(n)}(a)(x-a)^n + o((x-a)^n)}, \quad x \to a$$

です．上に書いた条件は $m \geq n$ ということで，そのときには右辺の分子と分母を $\frac{(x-a)^n}{n!}$ で割ってから極限を取ることで，ロピタルの定理の結論が得られます．

この議論を見ると，条件の確認を忘れるということは，f, g の展開の低次に 0 でない項が現れているのに，それを無視して高次の項を見て極限を求めているということです．こういう間違いは，有限次のテイラー展開を使えば決して起きないので，そのほうが安全ではないかと思います．

[†6] 具体的には $f^{(n+1)}$ の連続性を仮定する必要がなくなります．

第 7 章

具体的な関数の微分・積分

この章では，具体的な関数の微分・積分を扱います．高校までに学んでいることもありますが，逆三角関数という新しい関数も導入します．前の章までの理論を具体的な関数に適用することで，オイラー (Euler) の式として有名な $e^{i\pi}=-1$（i は虚数単位）の証明や，円周率の近似値の計算，円周率が無理数であることの証明などができます．

この章を読む際には注意すべきことがあって，それは議論の正当性を証明するのが意外に難しい内容が含まれるということです．その一つは三角関数の定義に使われる弧度法で，これは角度を対応する扇形の弧の長さとして定義するものです．この定義のためには，曲線の長さが先に定義されている必要があります．それは第 1 章に説明したように積分を使ってできるのですが，まだ正式に定義はしていません．また，三角関数の基本的な極限を調べるためには，弧の長さと面積の関係を使うのが便利なのですが，これも積分を使って付録の C.1 節で証明します．もう一つは指数関数の定義で，たとえば上のオイラーの式から虚数単位を除いた e^{π} をどう定義するかという問題です．これは第 2 章での実数の四則演算と似た問題で，したがって同じ程度に面倒なので，付録の C.2 節に回します．

7.1 逆三角関数の導入

この節では，新しい関数である「逆三角関数」を導入します．三角関数 $\sin, \cos$ は定義域を $\mathbb{R}$，値域を $[-1,1]$ とすると単射ではありませんが，定義域をそれぞれ $[-\frac{\pi}{2},\frac{\pi}{2}]$, $[0,\pi]$ に限ると単射です．また，$\tan$ も $(-\frac{\pi}{2},\frac{\pi}{2})$ から $\mathbb{R}$ への関数としては単射です．したがって，これらの逆関数が考えられ

$$\sin \text{の逆関数は} \arcsin \text{と書き，} [-1,1] \to \left[-\tfrac{\pi}{2}, \tfrac{\pi}{2}\right] \text{の関数,}$$
$$\cos \text{の逆関数は} \arccos \text{と書き，} [-1,1] \to [0,\pi] \text{の関数,}$$
$$\tan \text{の逆関数は} \arctan \text{と書き，} \mathbb{R} \to \left(-\tfrac{\pi}{2}, \tfrac{\pi}{2}\right) \text{の関数,}$$

とします．

グラフを見るのが理解の助けになるので，図 7.1〜7.3 に描いておきます．これらのグラフから，arcsin, arccos, arctan はそれぞれ $[-\frac{\pi}{2}, \frac{\pi}{2}]$, $[0,\pi]$, $(-\frac{\pi}{2}, \frac{\pi}{2})$ への全射であることが見てとれます．ただし，グラフを見てわかるというのは説明ではあっても証明ではなく，逆三角関数が全射として定まることの証明は付録の C.1 節で与えます．

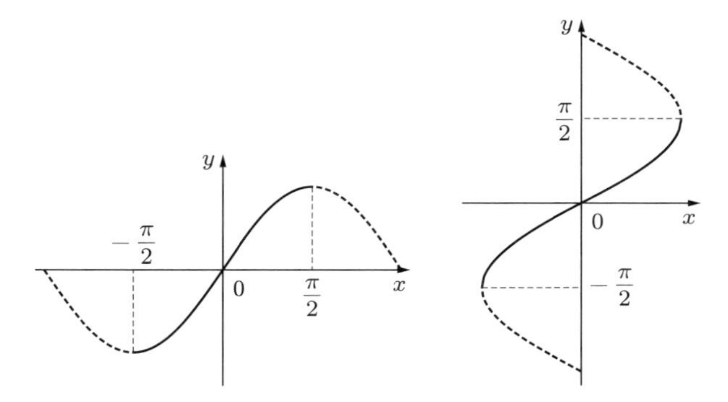

図 7.1 左の実線は $y = \sin x$ のグラフの $x \in [-\frac{\pi}{2}, \frac{\pi}{2}]$ の部分で，右の実線は $y = \arcsin x$ のグラフ．それ以外の部分が太い破線で示してあり，そこを含めると sin は単射になっていないので，逆関数は定まらない．

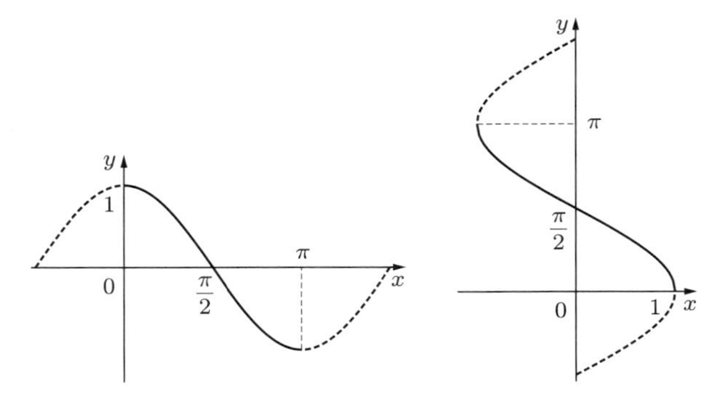

図 7.2 左の実線は $y = \cos x$ のグラフの $x \in [0,\pi]$ の部分で，右の実線は $y = \arccos x$ のグラフ．それ以外の部分が太い破線で示してあり，そこを含めると cos は単射になっていないので，逆関数は定まらない．

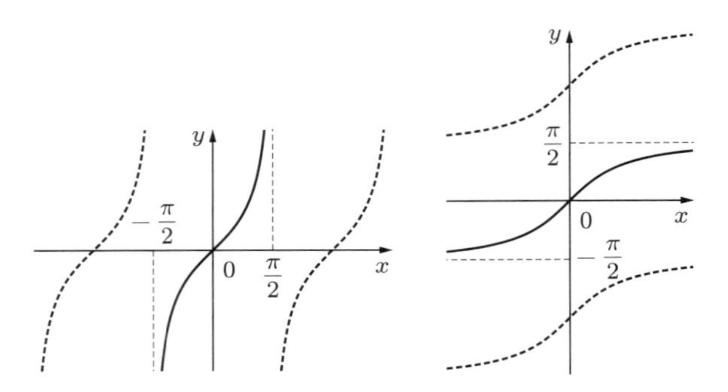

図 7.3　左の実線は $y = \tan x$ のグラフの $x \in (-\frac{\pi}{2}, \frac{\pi}{2})$ の部分で，右の実線は $y = \arctan x$ のグラフ．それ以外の部分が太い破線で示してあり，そこを含めると tan は単射になっていないので，逆関数は定まらない．

Column　逆三角関数の値域について

逆三角関数を定義するときに，たとえば tan の定義域を $(-\frac{\pi}{2}, \frac{\pi}{2})$ に制限することで単射にして，arctan を定義しました．しかし，これは唯一の方法ではなく，tan はたとえば $(\frac{\pi}{2}, \frac{3\pi}{2})$ に制限しても単射になります．そうすると，arctan は図 7.3 の上の太い破線ということになります．このように，自然な定義域では単射ではない関数の定義域をどこかに制限して逆関数を考えるときに，複数の候補から一つを選ぶことを，逆関数の「枝」を指定するといいます．微積分では tan の定義域を $(-\frac{\pi}{2}, \frac{\pi}{2})$ に制限することが多く，そのときの逆関数を「主枝」とよんで，Arctan と書く本もあります．

7.2　初等関数の微分

この節では，初等関数の微分を紹介します．すでに知っていることが多いと思いますが，ランダウの記号の練習を兼ねて，証明も見ながら進めます．訳あって，ここでは微分を $\frac{\mathrm{d}}{\mathrm{d}x}$ で書きます．

最初はべき関数 x^p です．p が自然数のときは簡単で，

$$
\begin{aligned}
(x+h)^p &= \sum_{k=0}^{p} \binom{p}{k} x^k h^{p-k} \\
&= x^p + p x^{p-1} h + o(h), \quad h \to 0
\end{aligned}
$$

ですから †1，$\frac{\mathrm{d}}{\mathrm{d}x}x^p = px^{p-1}$ です．p が自然数でないときについて，まず負の整数のときは命題 6.3.1 の (3) を使ってもよいですし，$(x+h)^p$ を分数で書いてから上の結果を使えば，直接証明することもできます．次に p が整数でないときには，例 5.1.3 で見たように，この後扱う指数関数と対数関数の微分に帰着させます．

次に，三角関数の微分の出発点として sin の微分を考えます．加法定理を使うと，

$$\sin(x+h) = \sin x \cos h + \cos x \sin h$$

です．ここで，以下の二つの事実が必要になります：

$$\cos h = 1 + o(h), \quad h \to 0, \tag{7.1}$$

$$\sin h = h + o(h), \quad h \to 0. \tag{7.2}$$

このうち式 (7.2)の証明は，高校の数学の教科書では，扇形と二つの三角形の面積を比較して行われています．それで何の問題もないのですが，数学的な証明にしようとすると「面積がまだ定義されていない」などのことが気になるので，付録の C.1 節で少し詳しく扱います．一方で式 (7.1)は，倍角公式 $1 - \cos h = 2\sin^2 \frac{h}{2}$ を思い出せば，式 (7.2)から導かれます．ともかく，これらを上の加法定理の式に代入すれば

$$\sin(x+h) = \sin x + h\cos x + o(h), \quad h \to 0$$

となるので，$\frac{\mathrm{d}}{\mathrm{d}x}\sin x = \cos x$ がわかります．

Check 上の式 (7.1), (7.2)を認めて，$\frac{\mathrm{d}}{\mathrm{d}x}\cos x = -\sin x$ を証明せよ．

逆三角関数の微分は三角関数と逆関数の微分公式を組み合わせるだけですが，逆関数の微分公式は注意が必要なので，arcsin の微分だけ導いてみます．まず，arcsin は $[-1,1]$ でしか定義されていないことを思い出しましょう．さらに，微分を考えるには左右からの極限を取るので，-1 と 1 は除外して $(-1,1)$ だけ考えます．このとき，arcsin の値域は $(-\frac{\pi}{2}, \frac{\pi}{2})$ です．さて，逆関数の微分公式と $\frac{\mathrm{d}}{\mathrm{d}x}\sin x = \cos x$ を使うと

$$\frac{\mathrm{d}}{\mathrm{d}x}\arcsin x = \frac{1}{\cos(\arcsin x)}$$

です (逆関数の微分公式を使った計算結果が 1 になった人は，7.3 節を見るとよいか

---

†1 $\binom{p}{k}$ は p 個から k 個を選ぶ組合せの数で，${}_pC_k$ とも書く．

もしれません）．このままではきれいではありませんが，arcsin は sin の逆関数でしたから，$\cos x = \sqrt{1-\sin^2 x}$ $(x \in (-\frac{\pi}{2}, \frac{\pi}{2}))$ を使うと整理できます：

$$\frac{\mathrm{d}}{\mathrm{d}x}\arcsin x = \frac{1}{\sqrt{1-x^2}}.$$

Check $\frac{\mathrm{d}}{\mathrm{d}x}\arccos x$, $\frac{\mathrm{d}}{\mathrm{d}x}\arctan x$ を求めよ．

次は，指数関数と対数関数の微分です．高校の数学の教科書では，対数関数の微分を導いてから，逆関数である指数関数の微分を出すのですが，その過程で

$$\lim_{h\to 0}(1+h)^{1/h} = e \tag{7.3}$$

という事実と，対数関数の連続性を使います．この式 (7.3)はネイピア数の定義 $e = \lim_{n\to\infty}(1+\frac{1}{n})^n$ と似ていますが，連続的な極限になっているところが違います．たとえば $f(x) = \sin\frac{\pi}{x}$ とすると，$\lim_{n\to\infty} f(\frac{1}{n}) = 0$ ですが，$\lim_{h\to 0} f(h)$ は存在しないことからわかるように，一般にはこれら二つの極限は一致するとは限りません．式 (7.3)の証明はやや面倒で，指数関数の定義にも触れてからのほうが考えやすいので，付録の C.2 節に回して，ここでは式 (7.3)が証明抜きに使われていたことを指摘するにとどめます．対数関数の連続性は付録の C.2 節で扱います．

ともかく，これらの事実を仮定して，対数関数について

$$\begin{aligned}\log(x+h) &= \log x + \log\left(1+\frac{h}{x}\right)\\ &= \log x + \frac{h}{x}\log\left(1+\frac{h}{x}\right)^{x/h}\end{aligned}$$

と変形すれば，$h\to 0$ において $\log(1+\frac{h}{x})^{x/h} = \log(e+o(1)) = 1+o(1)$ となるので [†2]，

$$\log(x+h) = \log x + \frac{1}{x}h + o(h)$$

となります．これは，$\frac{\mathrm{d}}{\mathrm{d}x}\log x = \frac{1}{x}$ であることを意味します．

指数関数（= 対数関数の逆関数）の微分は，上の結果と逆関数の微分公式を使えば

$$\frac{\mathrm{d}}{\mathrm{d}x}e^x = \frac{1}{\frac{1}{e^x}} = e^x$$

とすぐに求まります．

[†2] 念のためですが，一つ目の等号で式 (7.3)，二つ目の等号で log の連続性を使いました．

7.3 微分の記号に関する注意

微分の記号について，混乱しやすい点があるので注意しておきます．逆三角関数の微分を計算したときに，途中のステップを丁寧に書くと

$$\begin{aligned}\frac{\mathrm{d}}{\mathrm{d}x}\arcsin x &= \frac{1}{\frac{\mathrm{d}}{\mathrm{d}x}\sin(\arcsin x)}\\ &= \frac{1}{\cos(\arcsin x)}.\end{aligned}$$

ここで，次のような混乱が起こりがちです：1 行目で $\sin(\arcsin x) = x$ だから

$$\frac{\mathrm{d}}{\mathrm{d}x}\arcsin x = \frac{1}{\frac{\mathrm{d}}{\mathrm{d}x}x} = 1. \quad (!?)$$

また，$\sin(\arcsin x)$ に合成関数の微分（連鎖律）を使ってしまうのも間違いで，結果は上と同じになります．

これは，実は微分の記号に f' を使うと起こらない混乱です．実際，

$$\arcsin' x = \frac{1}{\sin'(\arcsin x)}$$

が正しい見方で，間違いのほうは

$$\arcsin' x = \frac{1}{(\sin(\arcsin x))'}$$

としてしまっているわけです．つまり，微分してから代入するか，代入してから微分するかの違いです．

それでは，どうしていつも f' のほうを使うことにしないのでしょう？ いくつか理由はありますが，一つの大きな理由は，多変数関数の微分を考えるときに $\frac{\mathrm{d}}{\mathrm{d}x}$ の流儀のほうがよいからです．ここでは雰囲気を感じるために，「$(ax)' = ?$」という問題を考えてみてください．ほとんどの人の答えは a ではないでしょうか．「これではわからない」と思った人はよくわかっています．実は，上の問題は a を変数として比例定数が x の 1 次関数と思って書いたので，想定していた答えは x です．

これを見てもわかるとおり，f' という記号の問題は，文字（変数らしきもの）が複数あるときに，どれについて微分するのかはっきりしないということです．もし「$\frac{\mathrm{d}}{\mathrm{d}a}(ax) = ?$」という問題なら，誤解はありえないでしょう．では，$\frac{\mathrm{d}}{\mathrm{d}x}$ の流儀で $\sin'(\arcsin x)$ を誤解なく表現する方法はないのでしょうか．一応，いくつかの書き

方がありますが[†3]，残念ながらあまり単純ではありません：

$$\frac{\mathrm{d}}{\mathrm{d}y}\sin y\Big|_{y=\arcsin x}, \quad \frac{\mathrm{d}}{\mathrm{d}y}\Big|_{y=\arcsin x}\sin y.$$

しかし，講義やほかの本ではこういう表現にも出会うはずなので，原因になった問題（微分と値の代入の順序には要注意）とともに紹介しておきました．

7.4 テイラーの公式の応用：無限級数への展開

次に少し話題を変えて，テイラーの公式を使って，「関数を無限の次数の多項式」のようなもので表現できることを紹介します．関数 f が何回でも微分できる（C^∞ 級といいます）ときは，テイラーの公式において，n 次多項式の部分をどんどん伸ばしていくことができます．このとき剰余項は，多くの場合 $n\to\infty$ で 0 に収束して，

$$f(x)=f(a)+\sum_{k=1}^{\infty}\frac{f^{(k)}(a)}{k!}(x-a)^k$$

という無限級数への展開が得られます．この無限級数展開の右辺

$$f(a)+\sum_{k=1}^{\infty}\frac{f^{(k)}(a)}{k!}(x-a)^k$$

のことを，f の a におけるテイラー級数とよびます．これは剰余項が 0 に収束しない場合や，そもそもこの級数が収束しない場合にも書くことはできますが，無条件には $f(x)$ と一致しないことに注意が必要です．

いくつか例を見てみましょう（$f^{(0)}=f,\ 0!=1,\ 0^0=1$ と決めておきます）．以下では，$a=0,\ b=x$ としてテイラーの公式を使います．まず，$f(x)=e^x$ はとくに簡単に展開できる関数です．不定形の極限への応用でも述べたように，

$$e^x=\sum_{k=0}^{n-1}\frac{1}{k!}x^k+\int_0^x\frac{e^y}{(n-1)!}(x-y)^{n-1}\mathrm{d}y$$

であり，この最後の項はどんな大きな $M>0$ に対しても，$n\to\infty$ において

$$\frac{M^n}{n!}\le\frac{M^n}{(n/2)^{n/2}}=\left(\frac{M}{\sqrt{n/2}}\right)^n\to 0$$

---

†3 本書では置換積分公式の証明で一度使いました．

である（$n!$ の前の半分だけを使いました）ことに注意すると，すべての $x \in \mathbb{R}$ に対して $n \to \infty$ で 0 に収束します．したがって，次の展開が証明できました：

$$e^x = \sum_{k=0}^{\infty} \frac{1}{k!} x^k. \tag{7.4}$$

この展開に $x = -1$ を代入すると $\sum_{k=0}^{\infty} (-1)^k \frac{1}{k!} = e^{-1}$ となって，例 2.6.3 で存在だけ証明した級数の値がわかります．ほとんど同じ方法で，三角関数も無限級数に展開することができます．

Check すべての $x \in \mathbb{R}$ に対し，次の展開公式が成り立つことを示せ：

$$\sin x = \sum_{k=0}^{\infty} \frac{(-1)^k}{(2k+1)!} x^{2k+1}, \quad \cos x = \sum_{k=0}^{\infty} \frac{(-1)^k}{(2k)!} x^{2k}.$$

この $\cos x$ の展開を使って，例 6.2.1 と例 6.4.1 で扱った $\cos 1$ の近似値を精度よく求めることもできます（π や $\sqrt{3}$ の近似値が必要ない利点があります）．また，本書では関数の変数は実数に限っていますが，少なくとも形式的には，式 (7.4) と上の問題の級数にそれぞれ ix（i は虚数単位）を代入することで，$e^{ix} = \cos x + i \sin x$ という印象的な式が得られます．これはオイラーの式とよばれていて，この章の初めに書いた $e^{i\pi} = -1$ は $x = \pi$ とした特殊な場合です．

テイラーの公式を使って関数を無限級数で表現する場合には，剰余項が 0 に収束することを確かめる必要があります．これが本当に必要であることを，例で見ておきましょう．

例 7.4.1 $\frac{1}{1-x}$ を何度も微分すれば，その 0 におけるテイラー級数が $\sum_{k=0}^{\infty} x^k$ であることがわかります．この結果から $\frac{1}{1-x} = \sum_{k=0}^{\infty} x^k$ とするのは早計で，たとえば $x = -2$ を代入してみると，

$$\frac{1}{3} = 1 - 2 + 4 - 8 + \cdots$$

という誤った結論が出てきます．実際，$\frac{1}{1-x}$ を n 次までテイラー展開したときの剰余項は

$$\int_0^x (x-y)^n \mathrm{d}y = \frac{1}{n+1} x^{n+1}$$

と計算できて，これが $n \to \infty$ において 0 に収束するのは $|x| \leq 1$ の場合ですから，

$x=-2$ ではテイラー級数と値が等しいことは保証されないのです．さらに $x=\pm 1$ のときは，剰余項は 0 に収束しますが，$\frac{1}{1-x}$ が定義されていなかったり，テイラー級数が収束しなかったりするので，この場合も $\frac{1}{1-x}$ とは一致しません．一方で $|x|<1$ のときは，剰余項は 0 に収束し，テイラー級数も収束するので，$\frac{1}{1-x}=\sum_{k=0}^{\infty} x^k$ が成立します．このときは，等比級数の公式からも，テイラー級数と関数の一致がわかります．□

テイラーの公式を使って関数を級数展開するには高階微分を計算する必要があって，それはそれなりに大変です．しかし少なくとも形式的には，ある関数のテイラー展開を微分・積分することで，別の関数の展開が得られる場合があります．たとえば $|x|<1$ では

$$\frac{1}{1-x}=\sum_{k=0}^{\infty} x^k$$

でした．これを 0 から x の範囲で積分して，テイラー級数の積分は各項を積分することにすれば，形式的には

$$\log(1-x)=-\int_0^x \frac{1}{1-t}\mathrm{d}t=-\sum_{k=0}^{\infty}\int_0^x t^k \mathrm{d}t=-\sum_{k=0}^{\infty}\frac{1}{k}x^{k+1}$$

となります．同様に，各項を微分すると，

$$\frac{1}{(1-x)^2}=\left(\frac{1}{1-x}\right)'=\sum_{k=0}^{\infty}(x^k)'=\sum_{k=1}^{\infty}kx^{k-1}$$

などと，いろいろな展開公式が得られます．

ただし，この議論には一つ注意点があります．それは「無限級数の微分・積分は，各項を微分・積分すればよいのか」という問題です．これは最初は何が問題なのかわかりにくいと思いますので，順を追って説明します．テイラーの公式において $a=0$, $b=x$ とすると

$$f(x)=\sum_{k=0}^{n-1}\frac{f^{(k)}(0)}{k!}x^k+\int_0^x \frac{f^{(n)}(y)}{(n-1)!}(x-y)^{n-1}\mathrm{d}y$$

で，これを次のように微分することはとくに問題ありません：

$$f'(x)=\sum_{k=0}^{n-1}\frac{f^{(k)}(0)}{(k-1)!}x^{k-1}+\left(\int_0^x \frac{f^{(n)}(y)}{(n-1)!}(x-y)^{n-1}\mathrm{d}y\right)'.$$

しかしながら $n \to \infty$ では，元の剰余項が 0 に収束するからといって，その微分も 0 に収束するとは限りません．実際，以下のように，微分は剰余項を大きくします．

Try 何回でも微分できる関数 f に対して

$$\left(\int_0^x \frac{f^{(n)}(y)}{(n-1)!}(x-y)^{n-1}\mathrm{d}y\right)' = (n-1)\int_0^x \frac{f^{(n)}(y)}{(n-1)!}(x-y)^{n-2}\mathrm{d}y$$

を示せ．

この問題はちょっと難しいですが，多変数の微積分を学んだら，少なくとも見通しよく考えられるようになるので，いまできなくても心配はいりません．とりあえず結果を認めて，たとえば「$0 < x < 1$ なら，右辺が元の剰余項より大きいこと」を確かめてください．

テイラーの公式の剰余項の微分が $n \to \infty$ で 0 に収束しないとすると，

$$f'(x) = \sum_{k=1}^{\infty} \frac{f^{(k)}(0)}{(k-1)!} x^{k-1}$$

という展開は成立しません．積分は微分ほど剰余項に悪さをしないので，実は問題は起きないことがわかるのですが，ともかく原理的には，剰余項に何かの演算をしたら収束の成否は変わりうるということです．

そうすると，結局は展開したい関数の高階微分を愚直に実行して，テイラーの定理の剰余項を評価するしかないのでしょうか．これについては二つのコメントをしておきます．まず個人的には，収束の問題はあまり気にせず，無限級数を形式的に微分したり積分してみて，いろいろな関数の展開の関係を見たりするのは，それなりに楽しくてよいことだと思います．上で紹介した $\log(1-x)$ や $\frac{1}{(1-x)^2}$ の展開のほかに，たとえば以下のような問題も面白いと思います．

Check $(e^x)' = e^x$, $(\sin x)' = \cos x$, $(\cos x)' = -\sin x$ を，それぞれの関数の無限級数展開を形式的に（各項を）微分することで確認せよ．

無限級数の収束や形式的な微分・積分の正当化は理論的には重要ですが，形式的な計算で面白い結果が出て初めて，その裏付けを考える意味があります．どんな結果につながるかを知らずに厳密性の心配ばかりして，想像力を萎縮させるのは正しい姿勢ではないと思います．

次に，実際に剰余項の微分や積分の評価を真面目にやってみると，ほとんどいつでも問題なく収束することがわかります．このことには，実は理論的な裏付けがあります：

> **定理 7.4.2**　f は何回でも微分可能な関数で，ある開区間 $(-R, R)$ 内のすべての x に対して，テイラー展開の剰余項
>
> $$E_n(x) = \int_0^x \frac{f^{(n)}(y)}{(n-1)!}(x-y)^{n-1}\mathrm{d}y$$
>
> が，$n \to \infty$ において 0 に収束するとする．このとき，同じ区間内のすべての x に対して，$E_n'(x)$, $\int_0^x E_n(y)\mathrm{d}y$ も $n \to \infty$ で 0 に収束する．

これは，興味があれば自力での証明に挑戦してください．難しいと思いますが，不可能というほどではありません．ヒントは「E_n の $[-R+\delta, R-\delta]$ での収束から，$E_n'(x)$, $\int_0^x E_n(y)\mathrm{d}y$ の $[-R+2\delta, R-2\delta]$ での収束を示す」です．

7.5　円周率の近似計算

ここまでで学んだ初等関数の微分の知識と，関数の展開のアイデアを使って，円周率の近似値を求めてみましょう．出発点は $\arctan 1 = \frac{\pi}{4}$ です．この式から，前の節で $\cos x$ の無限級数展開を使って $\cos 1$ の近似値が求められると述べたのと同様に，$\arctan x$ の展開があれば $\frac{\pi}{4}$ の近似値が求められそうです．

そうすると，テイラーの公式を使ってみようと考えるのは自然なことです．104 ページの 2 番目の Check の結果を思い出すと，

$$\arctan' x = \frac{1}{1+x^2} \tag{7.5}$$

でした．しかしこれを何度も微分しても，あまり単純な形にはなりません．工夫して何とかする方法もあるのですが，ここでは代わりに，式 (7.5) と微積分学の基本定理から

$$\arctan x = \int_0^x \frac{1}{1+t^2}\,\mathrm{d}t$$

となることを使ってみましょう．この被積分関数には等比級数の公式が使えて，

$$\frac{1}{1+t^2} = 1 - t^2 + t^4 - \cdots + (-1)^m t^{2m} + \frac{(-1)^{m+1} t^{2m+2}}{1+t^2}$$

と表せます．これを 0 から x まで積分すれば，$\arctan x$ の多項式による近似として

$$\arctan x = x - \frac{x^3}{3} + \frac{x^5}{5} - \cdots + (-1)^m \frac{x^{2m+1}}{2m+1} + (-1)^{m+1} \int_0^x \frac{t^{2m+2}}{1+t^2} \, \mathrm{d}t$$

が得られます．この展開の「剰余項」は

$$0 \leq \left| \int_0^x \frac{t^{2m+2}}{1+t^2} \, \mathrm{d}t \right| \leq \left| \int_0^x t^{2m+2} \, \mathrm{d}t \right| = \left| \frac{1}{2m+3} x^{2m+3} \right| \tag{7.6}$$

なので，$|x| \leq 1$ ならば $m \to \infty$ で 0 に収束します．とくに $x = 1$ とすれば，次のライプニッツ (Leibniz) の公式が導かれます：

$$\frac{\pi}{4} = 1 - \frac{1}{3} + \frac{1}{5} - \frac{1}{7} + \cdots .$$

これは印象的な式ですが，収束は遅く，π の近似値を求めるのに実用的ではありません．たとえば，最初の 10 項を使って得られるのは $\pi \fallingdotseq 3.04\cdots$ です．誤差の評価 (7.6)を見ても，$x = 1$ のときに右辺は $\frac{1}{2m+3}$ なので，小数第 3 位までの近似を得ようとすれば，少なくとも

$$\frac{1}{2m+3} \fallingdotseq 10^{-3} \quad \Leftrightarrow \quad m \fallingdotseq \frac{1}{2} \times 10^3 \tag{7.7}$$

が必要であり，最初の 500 項くらいは計算しないといけないことになります．

この収束性は簡単な方法で改善できます．加法定理 $\tan(\alpha + \beta) = \frac{\tan\alpha + \tan\beta}{1 - \tan\alpha \tan\beta}$ において，$\alpha = \arctan u$, $\beta = \arctan v$ とおくことにより，次の等式

$$\arctan u + \arctan v = \arctan\left(\frac{u+v}{1-uv}\right)$$

がわかります．ここで，たとえば $u = \frac{1}{2}, v = \frac{1}{3}$ とすれば

$$\arctan \frac{1}{2} + \arctan \frac{1}{3} = \arctan 1 \tag{7.8}$$

となり，$\arctan \frac{1}{2}$ と $\arctan \frac{1}{3}$ を上の多項式近似を使って求めると，その近似誤差は式 (7.6)からわかるようにずっと速く収束します．もっと近似をよくしたかったら，

$$\arctan 1 = 4 \arctan \frac{1}{5} - \arctan \frac{1}{239} \tag{7.9}$$

$$= 12 \arctan \frac{1}{49} + 32 \arctan \frac{1}{57} - 5 \arctan \frac{1}{239} + 12 \arctan \frac{1}{110443} \tag{7.10}$$

などと頑張ることができます．

最後に，円周率の近似の歴史に少し触れておきます．ルドルフ・ファン・コーレン (Ludolph van Ceulen) は人生をかけて円周率の近似値を求め続け，最終的に，正 2^{62} 角形による円の近似を用いて，円周率の 35 桁までの正しい近似値を得ました．円周率は，半径が 1 の円に内接する正 2^n 角形の周の長さの半分で近似され，それは

$$2^{n-1}\sqrt{2-\sqrt{2+\sqrt{2+\cdots+\sqrt{2}}}} \quad (\sqrt{\ } \text{の個数は } n-1)$$

と表せることがわかります．しかし，これを小数に展開しようとすると，それは開平計算を繰り返す悪夢のようなものになります．上の式 (7.8)はレオンハルト・オイラー (Leonhard Euler)，式 (7.9)はジョン・マチン (John Machin)，式 (7.10)は高野喜久雄によって発見されました．これらを使えば，少なくとも 10 桁程度の近似は手計算でも大した手間ではないでしょうし，35 桁でも人生をかける必要はありません．マチンは手計算で 100 桁まで近似値を求めたといわれています．微積分は，関数や数値の近似に非常に効率的な方法を提供しているのです．

Column　arctan のテイラー展開

ここでは，arctan の多項式による近似を，$\arctan' x = \frac{1}{1+x^2}$ の右辺を変形してから両辺を積分する方法で導きました．それはテイラーの公式を使うための高階微分の計算が大変だからですが，これを解決するちょっと気の利いた方法があります．それを紹介しておきましょう．

まず積の微分公式と帰納法で，関数の積の高階微分について，ライプニッツ則とよばれる

$$(fg)^{(n)} = \sum_{k=0}^{n} \binom{n}{k} f^{(k)} g^{(n-k)}$$

が示せます．これを $(1+x^2)\arctan' x = 1$ の左辺に使って，$1+x^2$ は 3 回以上微分すると 0 になることに注意すると，

$$\arctan^{(n+2)} x = -\frac{2(n+1)x}{1+x^2}\arctan^{(n+1)} x - \frac{n(n+1)}{1+x^2}\arctan^{(n)} x$$

という漸化式が得られます．少し大変ですが，これを解けば $\arctan^{(n)} x$ が求まります．もしテイラーの公式の多項式部分の係数だけに興味があるなら，$x=0$ を代入した漸化式を解けばよく，それはずっと簡単です．

7.6 円周率が無理数であることの証明

この章の最後に，小学校以来の伏線である「円周率 π が無理数であること」を証明してみましょう．これは，2.5 節で証明した「ネイピア数 e の無理数性の証明」と比べると，はるかに大変です．

定理 7.6.1 円周率 π は無理数である．

[証明] まず，唐突ですが，非負の整数 n と実数 $x \neq 0$ に対して

$$I_n(x) = x^{2n+1} \int_{-1}^{1} (1 - z^2)^n \cos(xz) \mathrm{d}z \tag{7.11}$$

とおきます．これに対して部分積分を使うことで

$$\begin{aligned} I_{n+2}(x) &= x^{2n+5} \int_{-1}^{1} (1 - z^2)^{n+2} \frac{\mathrm{d}}{\mathrm{d}z} \frac{\sin(xz)}{x} \mathrm{d}z \\ &= x^{2n+4} \left[(1 - z^2)^{n+2} \sin(xz) \right]_{z=-1}^{z=1} \\ &\quad + x^{2n+4} \int_{-1}^{1} 2z(n+2)(1 - z^2)^{n+1} \sin(xz) \mathrm{d}z \end{aligned} \tag{7.12}$$

となり，この右辺第 1 項は 0 になるので，第 2 項の積分だけが残ります．それにもう一度部分積分を使うと

$$\begin{aligned} & x^{2n+4} \int_{-1}^{1} 2z(n+2)(1 - z^2)^{n+1} \sin(xz) \mathrm{d}z \\ &\quad = -x^{2n+4} \int_{-1}^{1} 2z(n+2)(1 - z^2)^{n+1} \frac{\mathrm{d}}{\mathrm{d}z} \frac{\cos(xz)}{x} \mathrm{d}z \\ &\quad = -x^{2n+3} \left[2z(n+2)(1 - z^2)^{n+1} \cos(xz) \right]_{z=-1}^{z=1} \\ &\qquad + 2(n+2) x^{2n+3} \int_{-1}^{1} (1 - z^2)^{n+1} \cos(xz) \mathrm{d}z \\ &\qquad - 4(n+2)(n+1) x^{2n+3} \int_{-1}^{1} z^2 (1 - z^2)^n \cos(xz) \mathrm{d}z \end{aligned} \tag{7.13}$$

であり，上と同じ理由で右辺第 1 項は 0 になります．さらに右辺第 3 項で $z^2 = 1 - (1 - z^2)$ と書き直して，式 (7.11)を思い出して整理すると，第 2 項と第 3 項の和は

$$
\begin{aligned}
&2(n+2)I_{n+1}(x) - 4(n+2)(n+1)x^2 I_n(x) + 4(n+2)(n+1)I_{n+1}(x) \\
&\quad = -2(2n+3)(n+2)I_{n+1}(x) - 4(n+2)(n+1)x^2 I_n(x)
\end{aligned}
$$

となるので，三項間漸化式

$$
I_{n+2}(x) = -(2n+3)(n+2)I_{n+1}(x) - 4(n+2)(n+1)x^2 I_n(x) \tag{7.14}
$$

が得られます．この解は，最初の 2 項を決めれば後はすべて決まります．まず

$$
\begin{aligned}
I_0(x) &= x \int_{-1}^{1} \cos(xz)\mathrm{d}z \\
&= 2\sin x
\end{aligned}
$$

は簡単で，次に式 (7.12), (7.13) と同じように I_1 を計算すると [†4]，

$$
I_1(x) = -4x\cos x + 4\sin x
$$

が得られます．

これらの初期値と式 (7.14) を用いると，原理的には三項間漸化式を解くことができますが，解の具体的な形には興味がなく，次の形であることだけを使います．

補題 7.6.2　すべての非負整数 n に対して，整数係数で次数が n 以下の多項式 P_n, Q_n を使って

$$
I_n(x) = n!(P_n(x)\sin x + Q_n(x)\cos x)
$$

と表せる．

[証明]　I_0, I_1 はすでにそうなっていることを確認しました．次に I_n, I_{n+1} が補題のような形であると仮定すると，式 (7.14) に代入して

$$
\begin{aligned}
I_{n+2}(x) &= -2(2n+3)(n+2)((n+1)!(P_{n+1}(x)\sin x + Q_{n+1}(x)\cos x)) \\
&\qquad - 4(n+2)(n+1)x^2(n!(P_n(x)\sin x + Q_n(x)\cos x)) \\
&= (n+2)!((-2(2n+3)P_{n+1} - 4x^2 P_n(x))\sin x \\
&\qquad + (-2(2n+3)Q_{n+1} - 4x^2 Q_n(x))\cos x)
\end{aligned}
$$

[†4] ただし式 (7.13) では，$z = \pm 1$ を代入する項が消えないことと，$(1-z^2)^{n+1}$ の微分が消えることに注意します．

となるので，I_{n+2} も同じ形です．したがって，数学的帰納法により補題の主張が証明できました． □

これを使って，π が無理数であることを証明しましょう．π が有理数であると仮定して $\pi = \frac{p}{q}$ $(p, q \in \mathbb{N})$ と表せるとします．このとき $x = \frac{\pi}{2} = \frac{p}{2q}$ を $I_n(x)$ に代入して補題 7.6.2 の形を使い，$\cos\frac{\pi}{2} = 0$ であることに注意すると，

$$n!P_n\left(\frac{p}{2q}\right) = \left(\frac{p}{2q}\right)^{2n+1} \int_{-1}^{1} (1-z^2)^n \cos\left(\frac{\pi z}{2}\right) \mathrm{d}z$$

となります．ここで右辺の積分は被積分関数が $z \in \{-1, 0, 1\}$ を除いて 0 より大きく 1 より小さいので，積分値は 0 より大きく 2 より小さいことがわかります．すると，全体に $\frac{(2q)^{2n+1}}{n!}$ を掛けて

$$0 < (2q)^{2n+1} P_n\left(\frac{p}{2q}\right) < \frac{2p^{2n+1}}{n!}$$

が得られます．補題 7.6.2 から，P_n は整数係数で n 次以下の多項式だったので，$(2q)^{2n+1}P_n(\frac{p}{2q})$ は 0 でない整数になります．一方で $\lim_{n\to\infty} \frac{p^{2n+1}}{n!} = 0$ なので，π が有理数ではありえないことが証明されました． □

これは，カートライト (Cartwright) がケンブリッジ大学で 1945 年に試験問題の形で出した証明法といわれています．

Column　難しい証明との付き合い方

円周率の無理数性の証明は，最初に導入した式 (7.11) をどうやって見つけたのかがわからず，難しい印象があると思います．こういう証明を自分でできるようになる必要がないことは，ネイピア数の無理数性の証明の後にも述べたとおりです．実際，筆者は本書の執筆にあたって他書をほとんど見ませんでしたが，円周率の近似計算に使う式 (7.9) および式 (7.10) と，円周率の無理数性の証明だけは何も見ずに復元することができませんでした．

一般に無理数性の証明は難しいことが多く，たとえば $e + \pi$ が無理数かどうかは未解決問題です．ですから，π が無理数であることが証明されていることがむしろ驚くべき事実なのであって，こういう証明は芸術作品を見るように，自分にはできないからこそ面白い，という見方をするのがよいと思います．

第 8 章

広義積分

第 1 章で紹介した，振り子の周期や楕円の周の長さを表す積分においては，積分区間の端点で被積分関数が発散していました．このような関数は，第 4 章の定義では積分できないことがわかります．この章では，このような状況に対応できるような積分の定義の拡張を考えます．

8.1 広義積分とは何か

通常の意味では定義できない積分に，積分範囲の極限を取ることによって意味を付けられる場合があり，それを広義積分ということがあります．ただ，1 変数の広義積分はいろいろと問題があって明示的に定義をしないほうがよいので，何が問題であって，具体例においてどう解決しているかがわかれば十分です．最大の問題は，1 変数の場合に慣習として受け入れられている記法が，多変数の場合の定義と不整合であることです．1 変数の場合は他所では通じない「方言」を学んでいると思ったほうが，後で多変数の微積分を学ぶときに混乱しません．

典型例を二つ挙げると，

$$\int_0^1 \frac{1}{\sqrt{x}}\,\mathrm{d}x = \left[2\sqrt{x}\right]_0^1 = 2(\sqrt{1}-\sqrt{0}) = 2, \tag{8.1}$$

$$\int_1^\infty \frac{1}{x^2}\,\mathrm{d}x = \left[-\frac{1}{x}\right]_1^\infty = -\frac{1}{\infty}+\frac{1}{1} = 1 \tag{8.2}$$

という計算は，自然に見えるのではないかと思います．ところが，実はこれらの計算には直接には意味がありません．これを理解するために，$\int_0^1 \frac{1}{\sqrt{x}}\mathrm{d}x$ という積分がリーマン積分として定義できるか考えてみましょう．このためには少なくとも，$[0,1]$ を n 等分して作ったリーマン和

$$\sum_{k=1}^{n} \frac{1}{\sqrt{\xi_k}} \frac{1}{n}$$

が，$\xi_k \in [\frac{k-1}{n}, \frac{k}{n}]$ をどこに取っても $n \to \infty$ で同じ値に収束することが必要です．しかし $k = 1$ のときを考えると，$\xi_k = 0$ とはできませんし，また 0 は避けてたとえば $\xi_1 = n^{-4}$ としても，第 1 項が $n^2 \frac{1}{n} = n$ となって，これだけで発散してしまいます．これは $\frac{1}{\sqrt{x}}$ に限ったことではなく，積分したい区間で非有界な関数は，代表点 ξ_k の選び方でリーマン和をいくらでも大きくできてしまうので，リーマン積分可能ではありえません．したがって，前の式 (8.1) と式 (8.2) という二つの積分は，

「積分可能でない関数の積分」という存在しないもの

を計算していたことになるわけです．しかしそうはいっても，あの計算にまったく意味がないというのも，それはそれで不自由な感じもします．

これは，やや場当たり的な方法で簡単に解決することができて，二つの積分を極限として

$$\lim_{a \to 0+} \int_a^1 \frac{1}{\sqrt{x}} \, \mathrm{d}x = \lim_{a \to 0+} 2(\sqrt{1} - \sqrt{a}) = 2,$$
$$\lim_{a \to \infty} \int_1^a \frac{1}{x^2} \, \mathrm{d}x = \lim_{a \to \infty} \left(-\frac{1}{a} + \frac{1}{1} \right) = 1$$

と理解すれば，すべてのステップに意味が付き，結果も同じになります．このことを「広義積分 $\int_0^1 \frac{1}{\sqrt{x}} \mathrm{d}x$ の値は 2 である」，「広義積分 $\int_1^\infty \frac{1}{x^2} \mathrm{d}x$ の値は 1 である」といいます．しかしこの状態はよく考えるとかなり気持ちが悪く，

- 積分 $\int_0^1 \frac{1}{\sqrt{x}} \mathrm{d}x$ の値を求めよ．
- 広義積分 $\int_0^1 \frac{1}{\sqrt{x}} \mathrm{d}x$ の値を求めよ．

というよく似た二つの問題の答えがまったく違うということになります[†1]．また，積分の上端，下端のどちらの極限を考えるかは解答者に委ねられています．これを明確にするために，$\int_{\to 0+}^1 \frac{1}{\sqrt{x}} \mathrm{d}x$, $\int_1^{\to \infty} \frac{1}{x^2} \mathrm{d}x$ のようにどの極限を取るかを明示した記号を使うこともありますが，どちらかといえば少数派なので，本書では慣習には逆らわないことにします．

また，確率論や数理統計学で重要な役割を果たす正規分布に関する積分 $\int_{-\infty}^{\infty} e^{-t^2/2} \mathrm{d}t$

[†1] 前者の答えは「存在しない」，後者の答えは「2」です．

のように，両端で極限を取る必要があるものも出てきます．これはまた場当たり的に0で分けて，

$$\lim_{a\to\infty}\int_{-a}^{0} e^{-t^2/2}\mathrm{d}t,\quad \lim_{b\to\infty}\int_{0}^{b} e^{-t^2/2}\mathrm{d}t$$

の二つの極限が両方存在するときに，その和を広義積分 $\int_{-\infty}^{\infty} e^{-t^2/2}\mathrm{d}t$ の定義とします[†2]．ここで二つの極限を別々に取っていることは要注意で，この定義は極限を一つにまとめた $\int_{-\infty}^{\infty} = \lim_{a\to\infty}\int_{-a}^{a}$ とは，一般には違います．

Check $\lim_{a\to\infty}\int_{-a}^{a}\frac{2x}{1+x^2}\mathrm{d}x$ は存在するが，広義積分 $\int_{-\infty}^{\infty}\frac{2x}{1+x^2}\mathrm{d}x$ は存在しないことを示せ．

MEMO　上で広義積分の語法の気持ち悪さを説明しましたが，さらに悪いことに，微積分の本以外では「広義積分」という言葉が省略されることすらあります．たとえば，数理統計学で正規分布を扱うときには $\int_{-\infty}^{x}\frac{1}{\sqrt{2\pi}}e^{-t^2/2}\mathrm{d}t$ という積分によく出会いますが，これの前に「広義積分」と付いていることはまずありません（常識で考えよ，ということです）．

8.2　広義積分の使用上の注意

この節では，広義積分の「使用上の注意」をいくつか述べます．結論からいえば，被積分関数または区間が非有界なときは広義積分としか理解できないこと，広義積分とは極限であること，の二つを忘れてはならないというのが注意点です．

最初の間違いの例は，積分は区間を分割してもよいという性質を使った

$$\begin{aligned}\int_{-1}^{1}\frac{1}{x}\,\mathrm{d}x &= \int_{-1}^{0}\frac{1}{x}\,\mathrm{d}x + \int_{0}^{1}\frac{1}{x}\,\mathrm{d}x\\ &= -\int_{0}^{1}\frac{1}{y}\,dy + \int_{0}^{1}\frac{1}{x}\,\mathrm{d}x \qquad \blacktriangleleft\, y=-x \text{ と置換}\\ &= 0\end{aligned}$$

です．これは1行目を広義積分として正しく解釈すれば「$-\infty+\infty$」になっているので，以後の計算には意味がありません．

[†2] そうしないと，まだ定義していない2変数関数の極限になってしまうからですが，多変数関数の極限を学んだらそれに基づいて定義すべきです．実際にはどこで分けても同じであることは簡単に確かめられます．

次の間違いの例は，置換積分を使った

$$\int_0^2 \frac{1}{x}\,\mathrm{d}x = 2\int_0^1 \frac{1}{2y}\,\mathrm{d}y = \int_0^1 \frac{1}{y}\,\mathrm{d}y$$

です．これはこのままでも十分奇妙に見えますが，さらに両辺から $\int_0^1 \frac{1}{x}\,\mathrm{d}x$ を引くと

$$\int_1^2 \frac{1}{x}\,\mathrm{d}x = 0$$

となり，しかし左辺は $\frac{1}{x} = \frac{\mathrm{d}}{\mathrm{d}x}\log x$ を思い出して微積分学の基本定理を使うと $\log 2$ になってしまいます．これは前の例と同様に発散する広義積分なので，最初の置換積分の結果は「$\infty = \infty$」という意味では正しく，その後の計算は「両辺から ∞ を引く」という意味のない操作をしているので，その結果として $\log 2 = 0$ が導かれても何もおかしくはないのです．

最後の例として，$\int_0^\infty \sin(e^x)\mathrm{d}x$ を 2 通りに考えてみます．まずは極限を取るように書いて，$e^x = y$ と置換積分してから部分積分してみると

$$\begin{aligned}\lim_{a\to\infty}\int_0^a \sin(e^x)\mathrm{d}x &= \lim_{a\to\infty}\int_1^{e^a} \frac{\sin y}{y}\,\mathrm{d}y \\ &= \lim_{a\to\infty}\left(\left[-\frac{\cos y}{y}\right]_1^{e^a} + \int_1^{e^a} \frac{\sin y}{y^2}\,\mathrm{d}y\right)\end{aligned}$$

となって，右辺第 1 項は問題なく収束します．第 2 項は少し手間がかかりますが，次のようにします：

$$\left|\int_m^n \frac{\sin y}{y^2}\mathrm{d}y\right| \le \int_m^n \frac{1}{y^2}\mathrm{d}y = \left[-\frac{1}{x}\right]_m^n = -\frac{1}{n} + \frac{1}{m}.$$

この右辺は $m, n \to \infty$ で 0 に収束するので，$\left(\int_1^n \frac{\sin y}{y^2}\,\mathrm{d}y\right)_{n\in\mathbb{N}}$ はコーシー列で，したがって $n \to \infty$ で収束します．元の $\int_1^{e^a} \frac{\sin y}{y^2}\,\mathrm{d}y$ とは微妙に違うのですが，隙間を埋めるのは簡単で，$\lim_{a\to\infty}\int_1^{e^a} \frac{\sin y}{y^2}\,\mathrm{d}y$ の存在もわかります．したがって，最初の広義積分は収束します．ところが，形式的に部分積分公式を使うと

$$\int_0^\infty \sin(e^x)\mathrm{d}x = [x\sin(e^x)]_0^\infty - \int_0^\infty xe^x\cos(e^x)\mathrm{d}x$$

となって，少なくとも右辺第 1 項は意味をもちません．そうすると，第 2 項も意味をもたないと考えるのが自然です．つまりこれは，意味のあるものが部分積分によって「意味のない二つのものの和」になっているわけです．

Try 上の式の右辺第2項が，広義積分として存在しないことを直接証明せよ．

ここに挙げた三つの例の問題は，いずれも途中で広義積分を定める極限が発散しているために意味のない計算を経由していることです．つまり広義積分に対して，通常の積分に対して行うような操作をするときは，計算の途中に出てきた項がすべて意味をもっていることを確認する必要があるということです．

8.3 広義積分の絶対収束

前節までは広義積分がどんなものかを説明して，計算例とよくある間違いの例を見ました．とくに広義積分は積分する範囲について極限を取ったもので，そのことを忘れて収束しない広義積分に演算を行ったりすると，間違った結論や奇妙な結論が出ることを紹介しました．

そうすると，広義積分の収束を判定する方法が欲しくなります．実際のところ，微積分の演習問題などで出会う広義積分は原始関数を求められることが多いので，その程度のことをしている間はあまり困ることはありません．しかし，第1章において振り子の周期の $\frac{1}{4}$ を表すものとして現れた広義積分

$$\int_0^{\pi/2} \frac{1}{\sqrt{2g\sin\theta}}\mathrm{d}\theta$$

の被積分関数 $\frac{1}{\sqrt{2g\sin\theta}}$ や，誤差論で重要な正規分布を表す広義積分

$$\frac{1}{\sqrt{2\pi}}\int_{-\infty}^{r} e^{-x^2/2}\mathrm{d}x$$

の被積分関数 $e^{-x^2/2}$ の原始関数は，初等関数では表せません．したがって，これらの広義積分の収束を計算して確かめるというわけにはいかないのです．

実は，前の節でこのような広義積分の収束を一つ示していて，それは $\int_1^\infty \frac{\sin y}{y^2}\mathrm{d}y$ です．そこで使った議論は，そのまま $\int_1^\infty \left|\frac{\sin y}{y^2}\right|\mathrm{d}y$ が収束することを示すのにも使えます．このように，広義積分で $\int_a^b |f(x)|\mathrm{d}x < \infty$ となっているときには，特別によい状況になっています[†3]．

[†3] この書き方はおそらくややミスリーディングで，実際に出会うほとんどの広義積分は絶対収束します．

定義 8.3.1　区間 (a, b) 上で定義された連続関数 f に対して，広義積分 $\int_a^b |f(x)|\mathrm{d}x$ が収束するとき，広義積分 $\int_a^b f(x)\mathrm{d}x$ は絶対収束するという．

広義積分が絶対収束するなら，収束もします．またこのときは広義積分の区間を（常識の範囲で）好きなように分けて求めても問題は起きません．証明は面倒なので後にしますが，結果だけでも重要です．

命題 8.3.2　広義積分 $\int_a^b f(x)\mathrm{d}x$ は絶対収束するならば，収束する．また，$A \cup B = (a, b)$ となる「まともな集合」A, B に対して，広義積分 $\int_A f(x)\mathrm{d}x, \int_B f(x)\mathrm{d}x$ は両方収束して，その和は $\int_a^b f(x)\mathrm{d}x$ に等しい．

「まともな集合」とは，正確にいえば「有界な区間との共通部分がジョルダン可測な集合」ですが，未定義語が含まれるので，とりあえず区間だと思っておいてください（9.5 節で，面積について定義を与えます）．一般の A に対して，広義積分 $\int_A f(x)\mathrm{d}x$ は，積分範囲を A の内側から単調に広げていくときの極限と解釈します．

すべての広義積分が絶対収束するわけではありません．ここでは前の章で扱った $\sin e^x$ について，議論の正確さにはこだわらずに簡単に見ておくことにします．$\sin e^x$ と $|\sin e^x|$ のグラフは，それぞれ図 8.1 のようになっていて，積分がグラフと x 軸で挟まれる部分の面積であることを認めると，広義積分 $\int_1^\infty |\sin e^x|\mathrm{d}x$ は発散しそうです．そうすると，広義積分 $\int_1^\infty \sin e^x \mathrm{d}x$ の収束は，激しく振動する正負の打ち消し合いで起こっていることになります．

広義積分の絶対収束は，収束が計算で直接確かめられないときのためのものでした．そのような積分の収束を議論するのは何のためでしょうか．その答えは少なくとも三つあって，

- これが，多変数関数に関する広義積分の収束の定義（と同値）である，
- 原始関数が求まらない広義積分を使って新しい関数を作れる，
- 広義積分の区間を分けることで求められるトリッキーな問題がある

です．このうち一つ目は多変数の微積分で学ぶので，その心の準備という意味があります．二つ目は，振り子の振れ角が θ になる時間 $t(\theta)$ や，楕円の弧の一部の長さが不完全楕円積分という重要な関数を定めることが一つの例で，ほかの例もこの後に扱います．三つ目はやや趣味的なので，本書では割愛します[†4]．

[†4] 笠原晧司『微分積分学』（サイエンス社）の 68 ページの例題が有名な例です．

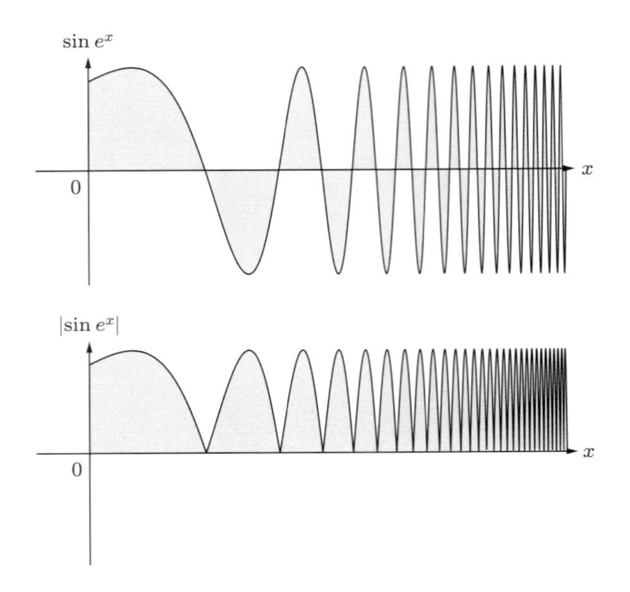

図 8.1　$\sin e^x$ と $|\sin e^x|$ の $x \geq 1$ でのグラフ．下の図から想像されるように，$|\sin e^x|$ のグラフと x 軸で挟まれる部分の面積は無限大になる．

広義積分が絶対収束するかの判定は，ほとんどいつでも次の広義積分との比較で行います．

Check　$0 < \alpha < 1$ に対して，広義積分 $\int_0^1 x^{-\alpha}\mathrm{d}x$ は収束することを示せ．また $\beta > 1$ に対して，広義積分 $\int_1^\infty x^{-\beta}\mathrm{d}x$ は収束することを示せ．

この問題の結果から，区間 $(0, b]$ で連続な関数 $f(x)$ の絶対値が，0 の近くの区間 $(0, \delta]$ で $x^{-\alpha}$ $(0 < \alpha < 1)$ より小さければ

$$\begin{aligned}\int_a^b |f(x)|\mathrm{d}x &\leq \int_a^\delta |f(x)|\mathrm{d}x + \int_\delta^b |f(x)|\mathrm{d}x \\ &\leq \int_a^\delta x^{-\alpha}\mathrm{d}x + \int_\delta^b |f(x)|\mathrm{d}x\end{aligned}$$

なので，$a \to 0+$ の極限を取って，広義積分 $\int_0^b f(x)\mathrm{d}x$ の絶対収束がわかります．$\int_a^\infty f(x)\mathrm{d}x$ 型のときも同様に，区間 $[a, \infty)$ で連続な関数 $f(x)$ の絶対値が，0 から遠くの区間 $[M, \infty)$ において $x^{-\alpha}$ $(\alpha > 1)$ より小さければ，

$$\int_a^b |f(x)|\mathrm{d}x \leq \int_a^M |f(x)|\mathrm{d}x + \int_M^b |f(x)|\mathrm{d}x$$

$$\leq \int_a^M |f(x)|\mathrm{d}x + \int_M^b x^{-\alpha}\mathrm{d}x$$

なので，$b \to \infty$ の極限を取って，広義積分 $\int_0^b f(x)\mathrm{d}x$ の絶対収束がわかります．

この判定条件を使って，実際に二つの新しい関数を作ってみましょう．

例 8.3.3（ガンマ関数）　$\alpha > 0$ に対して，広義積分 $\Gamma(\alpha) = \int_0^\infty x^{\alpha-1}e^{-x}\mathrm{d}x$ は絶対収束します．実際，これは正の関数の積分で，まず x が大きいところでは $x > 0$ で $e^{-x} < \frac{n!}{x^n}$ でしたから，

$$\lim_{b\to\infty}\int_1^b x^{\alpha-1}e^{-x}\mathrm{d}x \leq \lim_{b\to\infty}\int_1^b n!x^{\alpha-1-n}\mathrm{d}x$$

は n を十分大きく取れば収束します．一方で $x = 0$ の近くでは $\alpha < 1$ のときだけ広義積分ですが，$x > 0$ で $e^{-x} \leq 1$ なので

$$\lim_{a\to 0+}\int_a^1 x^{\alpha-1}e^{-x}\mathrm{d}x \leq \lim_{a\to 0+}\int_a^1 x^{\alpha-1}\mathrm{d}x$$

で，これも収束します．したがって $\int_0^1 x^{\alpha-1}e^{-x}\mathrm{d}x$, $\int_1^\infty x^{\alpha-1}e^{-x}\mathrm{d}x$ が両方収束するので，最初の広義積分は絶対収束します．

ここで収束が確かめられた $\Gamma(\alpha) = \int_0^\infty x^{\alpha-1}e^{-x}\mathrm{d}x$ をガンマ関数といいます．これは面白い性質をもっていて，部分積分で

$$\begin{aligned}\Gamma(\alpha+1) &= \lim_{\substack{a\to 0+\\ b\to\infty}}\int_a^b x^{\alpha}e^{-x}\mathrm{d}x \\ &= \lim_{\substack{a\to 0+\\ b\to\infty}}\left([-x^{\alpha}e^{-x}]_a^b + \alpha\int_a^b x^{\alpha-1}e^{-x}\mathrm{d}x\right) \\ &= \alpha\Gamma(\alpha)\end{aligned}$$

となります．これと $\Gamma(1) = \int_0^\infty e^{-x}\mathrm{d}x = 1$ を合わせると，$n \in \mathbb{N}$ に対しては $\Gamma(n+1) = n!$ であることがわかります．つまり，階乗が正の実数に拡張されたことになります．　□

例 8.3.4（ベータ関数）　$p, q > 0$ に対して，広義積分 $B(p,q) = \int_0^1 x^{p-1}(1-x)^{q-1}\mathrm{d}x$ は絶対収束します．これも正の関数の積分で，積分の上端側は，$C_p = \max\{(\frac{1}{2})^{p-1}, 1\}$ として $y = 1 - x$ という置換積分を使うことにより

$$\lim_{b\to 1-}\int_{1/2}^{b} x^{p-1}(1-x)^{q-1}\mathrm{d}x \le C_p \lim_{b\to 1-}\int_{1/2}^{b}(1-x)^{q-1}\mathrm{d}x$$
$$= C_p \lim_{b\to 1-}\int_{1-b}^{1/2} y^{q-1}\mathrm{d}y$$

となって収束します．積分の下端側も同様に収束が示せて，最初の広義積分は絶対収束することがわかります．

この $B(p,q)$ をベータ関数といって，$p,q\in\mathbb{N}$ のときには部分積分を使って

$$B(p,q)=\frac{\Gamma(p)\Gamma(q)}{\Gamma(p+q)}$$

であることが示せます．一般の場合は重積分を経由するのが普通で，したがって多変数の微積分の内容です．□

ここから先は，後回しにしていた命題 8.3.2 の証明をします．

[命題 8.3.2 の証明]　最初に示すべきことは「絶対収束する広義積分は収束する」です．これは似た議論を前の節で見ましたが，ここはより一般的な設定なので丁寧にやります．広義積分 $\int_a^b f(x)\mathrm{d}x$ が $\lim_{c\to b-}\int_a^c f(x)\mathrm{d}x$ と理解すべきものであるとします [†5]．

とりあえず極限の存在を示す必要があり，そのためには数列のほうが扱いやすいので，$\lim_{n\to\infty} c_n = b$ かつ $c_n < b$ となる適当な単調増加列 $(c_n)_{n\in\mathbb{N}}$ を取ります．そして，$m<n$ に対して

$$\left|\int_a^{c_m} f(x)\mathrm{d}x-\int_a^{c_n} f(x)\mathrm{d}x\right| \le \int_{c_m}^{c_n}|f(x)|\mathrm{d}x$$
$$=\int_a^{c_n}|f(x)|\mathrm{d}x-\int_a^{c_m}|f(x)|\mathrm{d}x$$

と評価します．絶対収束の仮定から，この右辺は $m,n\to\infty$ で 0 に収束します．これは $(\int_a^{c_n} f(x)\mathrm{d}x)_{n\in\mathbb{N}}$ がコーシー列であることを意味するので，この数列の極限が存在します．この極限を暫定的に $\int_a^b f(x)\mathrm{d}x$ と書きます．

以下では，$b<\infty$ の場合に限って議論します（$b=\infty$ の場合もほとんど同じです）．このとき，極限の定義 3.4.1 によると，示すべきことは「どんな小さな $\varepsilon>0$ に対しても，それに応じて $\delta>0$ を十分小さく取れば，すべての $c\in(b-\delta,b)$ に対して

[†5] 念のためですが，この意味は「f が b の近くで非有界であるか，$b=\infty$」ということです．

$$\left| \int_a^c f(x)\mathrm{d}x - \int_a^b f(x)\mathrm{d}x \right| < \varepsilon$$

とできること」でした．このために $N \in \mathbb{N}$ を十分大きく取って，すべての $n \geq N$ に対して

$$\int_{c_N}^{c_n} |f(x)|\mathrm{d}x < \frac{\varepsilon}{2}, \quad \left| \int_a^{c_n} f(x)\mathrm{d}x - \int_a^b f(x)\mathrm{d}x \right| < \frac{\varepsilon}{2}$$

が成り立つようにしておきます．また，$\delta > 0$ は $c_N < b - \delta$ となるように小さく取っておきます．ここで，非負の関数の積分は積分範囲の広さについて単調であることが定理 4.2.2 の (1) と (6) からわかるので，すべての $c \in (b-\delta, b)$ に対して $c < c_n$ となる $n \geq N$ を取ることで

$$\begin{aligned}
&\left| \int_a^c f(x)\mathrm{d}x - \int_a^b f(x)\mathrm{d}x \right| \\
&\leq \left| \int_a^c f(x)\mathrm{d}x - \int_a^{c_N} f(x)\mathrm{d}x \right| + \left| \int_a^{c_N} f(x)\mathrm{d}x - \int_a^b f(x)\mathrm{d}x \right| \\
&\leq \int_{c_N}^{c_n} |f(x)|\mathrm{d}x + \left| \int_a^{c_N} f(x)\mathrm{d}x - \int_a^b f(x)\mathrm{d}x \right| \\
&< \varepsilon
\end{aligned}$$

となって，これが示したかったことでした．

次に示すべきことは「絶対収束する広義積分は区間を分割しても収束する」です．この証明は，いま示したことを使えば簡単です[†6]．正の関数は広い範囲で積分するほうが大きいことを使うと $\int_A |f(x)|\mathrm{d}x \leq \int_a^b |f(x)|\mathrm{d}x < \infty$ なので，$\int_A f(x)\mathrm{d}x$ も（同様に $\int_B f(x)\mathrm{d}x$ も）絶対収束することがわかります．すると，とくに広義積分 $\int_A f(x)\mathrm{d}x$, $\int_B f(x)\mathrm{d}x$ も収束するので，$\int_A f(x)\mathrm{d}x + \int_B f(x)\mathrm{d}x = \int_a^b f(x)\mathrm{d}x$ は極限の性質からわかります． □

[†6] ただし，命題 8.3.2 の「まともな集合」は未定義なので，この証明では A, B は両方区間だと思ってかまいません．

8.4　広義積分と微積分学の基本定理

広義積分に対しても，微積分学の基本定理が変更なく成立します．これは後で曲線の長さを議論するときに役に立つので，ここで証明しておきます．

定理 8.4.1　閉区間 $[a,b]$ 上で連続な関数 f が，開区間 (a,b) 上では連続な導関数 f' をもち，広義積分 $\int_a^b f'(x)\mathrm{d}x$ が存在するとする．このとき，

$$\int_a^b f'(x)\mathrm{d}x = f(b) - f(a) \tag{8.3}$$

が成り立つ．

[証明]　広義積分が存在するという仮定から，$a_n > a$ かつ $a_n \to a$ $(n \to \infty)$ となる数列と，$b_n < b$ かつ $b_n \to b$ $(n \to \infty)$ となる数列に対して

$$\lim_{n\to\infty} \int_{a_n}^{b_n} f'(x)\mathrm{d}x = \int_a^b f'(x)\mathrm{d}x$$

が成り立ちます．一方で，区間 $[a_n, b_n]$ では微積分学の基本定理が使えるので

$$\int_{a_n}^{b_n} f'(x)\mathrm{d}x = f(b_n) - f(a_n)$$

です．この右辺は，f の連続性の仮定から，$n \to \infty$ において $f(b) - f(a)$ に収束するので，式 (8.3)が示されました．□

8.5　振り子の周期の問題の解決

1.1 節で例として取り上げた振り子の周期の問題が，ここまでに展開した理論によって解決されていることを確かめましょう．

長さ 1 のひもの先端に質量 1 のおもりが付いている振り子を考えていました．水平方向を基準としてそこからの振れ角を θ とし，水平方向（角度 0 のところ）でおもりを静かに放すとします．ニュートン力学の基本原理として，この θ が時間の関数として 2 回微分可能（したがってとくに連続）であることは仮定します．このとき，1.1 節で見たように，エネルギー保存則 $(\frac{\mathrm{d}\theta}{\mathrm{d}t}(t))^2 = 2g\sin\theta(t)$ から

$$\frac{\mathrm{d}\theta}{\mathrm{d}t}(t) = \pm\sqrt{2g\sin\theta(t)} \tag{8.4}$$

が得られますが，おもりが鉛直方向に到達するまでは速度は正とするのが自然なので，正の符号を選ぶことにしていました．この右辺は $0 < \theta(t) \leq \frac{\pi}{2}$ で正なので，逆関数の微分定理から，連続な逆関数 $\theta \mapsto t(\theta)$ が存在して

$$\frac{\mathrm{d}t}{\mathrm{d}\theta}(\theta) = \frac{1}{\sqrt{2g\sin\theta}}$$

が成り立ちます．さらに，この右辺は $0 < \theta \leq \frac{\pi}{2}$ では連続関数なので，その範囲の a, b に対しては微積分学の基本定理が使えて

$$t(b) - t(a) = \int_a^b \frac{1}{\sqrt{2g\sin\theta}}\mathrm{d}\theta$$

が成り立ちます．ここから $a \to 0+$ としたいのですが，そうすると右辺は広義積分になるので，収束の吟味が必要です．ここで（まだ証明していませんが）式 (3.1)でも使った $\lim_{\theta\to 0}\frac{\sin\theta}{\theta} = 1$ を用いると，極限の定義 3.4.1 において $\varepsilon = \frac{1}{2}$ とすることで，十分小さなすべての $\theta > 0$ に対して $\sin\theta \geq \frac{1}{2}\theta$ となります．すると上の被積分関数について，0 の近くでは

$$0 \leq \frac{1}{\sqrt{2g\sin\theta}} \leq \frac{1}{\sqrt{g\theta}}$$

となり，この右辺の広義積分は

$$\lim_{a\to 0+}\int_a^b \frac{1}{\sqrt{g\theta}}\mathrm{d}\theta = \lim_{a\to 0+}\frac{2}{\sqrt{g}}\left[\sqrt{\theta}\right]_a^b = 2\sqrt{\frac{b}{g}}$$

なので有限です．したがって，1.1 節で見た

$$\int_0^{\pi/2} \frac{1}{\sqrt{2g\sin\theta}}\mathrm{d}\theta$$

も広義積分として意味をもつことがわかります．さらに，定理 8.4.1 によって，この広義積分は $t(\frac{\pi}{2}) - t(0)$ と等しいので，振り子の周期の $\frac{1}{4}$ になっていることも確かめられました．

ところで，上の議論では式 (8.4)で正の符号を取ることを物理的直観に頼って正当化しましたが，これも数学的に議論してみましょう．ひもが固定されている点を原点とすると，おもりの座標は $(\cos\theta(t), -\sin\theta(t))$ なので，その速度は t について微分して合成関数の微分公式を使えば

$$\left(-\sin\theta(t)\frac{\mathrm{d}\theta}{\mathrm{d}t}(t), -\cos\theta(t)\frac{\mathrm{d}\theta}{\mathrm{d}t}(t)\right)$$

となります．もう一度微分すれば加速度が求まって，ニュートンの運動方程式が使えます．積の微分公式と合成関数の微分公式を使って計算を実行し，おもりにかかる力をひもの方向のつり合いなどを使って計算すれば，運動方程式は

$$\begin{pmatrix} -\cos\theta(t)\left(\frac{\mathrm{d}\theta}{\mathrm{d}t}(t)\right)^2 - \sin\theta(t)\frac{\mathrm{d}^2\theta}{\mathrm{d}t^2}(t) \\ \sin\theta(t)\left(\frac{\mathrm{d}\theta}{\mathrm{d}t}(t)\right)^2 - \cos\theta(t)\frac{\mathrm{d}^2\theta}{\mathrm{d}t^2}(t) \end{pmatrix} = \begin{pmatrix} -g\cos\theta(t)\sin\theta(t) \\ -g\cos^2\theta(t) \end{pmatrix}$$

となります．ここで式の見やすさのために，ベクトルの成分を縦に並べました．やや唐突ですが，この式の第1成分に $-\sin\theta(t)$，第2成分に $-\cos\theta(t)$ を掛けて，両辺で成分の和を取ると，

$$\frac{\mathrm{d}^2\theta}{\mathrm{d}t^2}(t) = g\cos\theta(t)$$

が得られます．この右辺は $0 \leq \theta(t) < \frac{\pi}{2}$ では正なので，命題 5.2.1 の (2) を使えば，$\frac{\mathrm{d}\theta}{\mathrm{d}t}(t)$ が狭義単調増加であることがわかります．ここで初期値は $\frac{\mathrm{d}\theta}{\mathrm{d}t}(0) = 0$ だったので，角速度 $\frac{\mathrm{d}\theta}{\mathrm{d}t}(t)$ は非負であることがわかり，式 (8.4)で正の符号を取ることが正当化されます．

MEMO　線型代数をある程度学んでいれば，ベクトルの縦横には意味があって，上のように見やすさのために入れ替えてよいものではないことを知っているかもしれません．しかし，１変数の微積分を学んでいる段階でその点にこだわる意味はあまりないと思うので，見やすさのためということにしておきます．

Column　振り子は鉛直方向に到達する？

広義積分の上端を $b = \frac{\pi}{2}$ とした部分には，実は微妙な問題があります．逆関数の微分定理で作られる逆関数 t の定義域は，元の関数 θ の値域です．それが区間 $[0, \frac{\pi}{2}]$ を含むことは物理的直観からは明らかなので，上の議論で暗黙に仮定しました．しかし，これを数学的に証明しようとすると，意外に大変なことになります．

上の式 (8.4)のように θ の微分が θ の関数として表されている方程式を微分方程式といい，それを解くための理論もあります．しかし，式 (8.4)はその中ではやや性質の悪いものになっているのです．実際，$\pm$ のどちらを選んだとしても，初期値 $\theta(0) = 0$ を満たす解として「すべての $t \geq 0$ で $\theta(t) = 0$」という関数が存在します．この解の値域は 0 だけなので，もちろん $b = \frac{\pi}{2}$ とすることはできません．上の議論では $\frac{\mathrm{d}\theta}{\mathrm{d}t}(t)$ が狭義単調増加であることを示したので，θ がこの解でないことは

保証されていますが，このことから想像されるように，ほかにもいろいろな可能性があって，θ の定義域が $\frac{\pi}{2}$ まで延びていることの証明は簡単ではありません．しかしこれは微分方程式の理論の中で解決されるべき問題なので，本書ではこれ以上追究しないことにします．

第 9 章

曲線の長さと図形の面積

この章では，平面上の曲線の長さと図形の面積について，その定義と特殊な場合の計算方法を扱います．本書では，最初から楕円の周の長さを問題にしていたように，曲線の長さはそれ自体が興味ある内容ですが，後で三角関数の定義を見直すときにも使います．面積については，その定義を明確にし，高校の数学の教科書に書かれている積分との関係を証明します．

9.1 曲線の長さの定義

ある区間 $[a,b]$ で二つの連続関数 x_1, x_2 が定義されているとき，それらを組にした $\boldsymbol{x}(t)=(x_1(t),x_2(t))$ のことを曲線といいます．曲線の長さとは何でしょう？ 第1章では関数のグラフで表される曲線の長さについて，区分求積法のような考え方で説明をしましたが，ここではそれを正式に定義します．

関数のグラフの長さを議論したときと同様に，一般の曲線の長さも，図 9.1 のように区間を細かく分割して，分点の間の長さの直線距離を合計することで近似でき

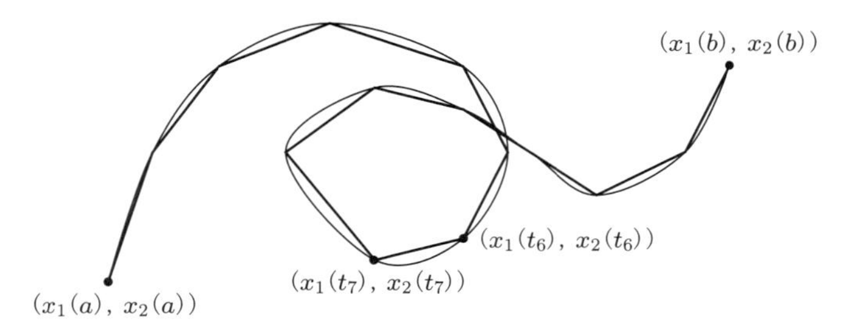

図 9.1　区間 $[a,b]$ 上の連続関数 x_1,x_2 から定まる曲線と，その折れ線近似．6 番目と 7 番目の点の直線距離は $\sqrt{(x_1(t_7)-x_1(t_6))^2+(x_2(t_7)-x_2(t_6))^2}$ である．

そうに見えます．

そこで，リーマン積分を定義したときと同様に，分割を細かくした極限が存在するときにそれを曲線の長さと定義しようと考えます．ただし，ここでも特殊な分割を取るのはよくないので，分割には自由度をもたせます．

定義 9.1.1 区間 $[a,b]$ で定義された曲線 $\boldsymbol{x}(t) = (x_1(t), x_2(t))$ が長さ L をもつとは，$[a,b]$ の分割 $\{t_k\}_{k=0}^n$ に対して定めた和

$$\sum_{k=1}^{n} \sqrt{(x_1(t_k) - x_1(t_{k-1}))^2 + (x_2(t_k) - x_2(t_{k-1}))^2} \tag{9.1}$$

が，分割の幅さえ小さくすれば，点の取り方には関係なく L に収束することをいう．

上の定義は，単に長さが L であることを定義しているのではなく，「長さが存在して，その値が L である」という二つのことを含んでいます．この二つが別の問題であることは第 1 章で強調したとおりです．この点を理解すると，「長さが存在しない曲線はあるのか？」という疑問が自然に浮かびます．実は，図 3.7 のグラフのような曲線で，長さをもたない（分割を細かくすると式 (9.1) の和が発散する）ものがあることが知られています．しかしどちらかといえば病的な例ですし，それを説明するには「関数列の一様収束」という新しい概念を導入する必要があるので，本書では扱いません．

また，定義 9.1.1 に基づいて，二つの（長さをもつ）曲線を端点でつなげてできる曲線の長さは，元の二つの曲線の長さの和であることなども証明できますが，積分の加法性とほとんど同じなので繰り返しません．

9.2 曲線の長さの積分表示

曲線の長さの定義はリーマン積分と似ていますが，それはそのままでは値を計算するのが難しいということを意味します．この節では，曲線がよい性質をもっているときには，長さを積分で表せることを紹介します．

いま，x_1 と x_2 が微分可能であるとすると，曲線の長さの定義に現れる和の各項は

$$\begin{aligned}&\sqrt{(x_1(t_k)-x_1(t_{k-1}))^2+(x_2(t_k)-x_2(t_{k-1}))^2}\\&\quad\sim\sqrt{x_1'(t_k)^2+x_2'(t_k)^2}(t_k-t_{k-1}),\quad t_k-t_{k-1}\to 0\end{aligned}$$

と近似できそうです（「できる」と言い切れないのは，微積分学の基本定理 (2) の証明で注意したのと同じ理由です）．この右辺を k について足し合わせるとリーマン和になるので，次の定理が成り立つと思うのは自然です．

定理 9.2.1　区間 $[a,b]$ で連続微分可能（C^1 級）な曲線 $\boldsymbol{x}(t)=(x_1(t),x_2(t))$ は長さをもち，その値は次の積分で与えられる：

$$\int_a^b \sqrt{x_1'(t)^2+x_2'(t)^2}\,\mathrm{d}t.$$

曲線が開区間 (a,b) で連続微分可能で，この積分が端点 a または b で広義積分となる場合でも，収束すれば結論は正しい．

とくに，関数のグラフで表される曲線の長さは $x_1(t)=t$ なので簡単になります：

系 9.2.2　区間 $[a,b]$ 上で連続微分可能な f のグラフは長さをもち，その値は

$$\int_a^b \sqrt{1+f'(t)^2}\,\mathrm{d}t$$

である．関数 f が開区間 (a,b) でのみ連続微分可能で，この積分が端点で広義積分となる場合でも，収束すれば結論は正しい．

この系が，第1章で述べた楕円の周の長さの積分表示を正当化するもので，そのことは広義積分の収束まで含めて 9.4 節で議論します．一方で定理 9.2.1 を用いれば，楕円の周の長さの別の表示も得られます．

例 9.2.3　楕円のパラメータ表示 $x_1(t)=a\cos t$, $x_2(t)=b\sin t$ $(a,b>0)$ を考えてみると，この曲線の $t\in[0,T]$ $(T<2\pi)$ の部分の長さは，定理 9.2.1 により

$$\int_0^T \sqrt{a^2\sin^2 t+b^2\cos^2 t}\,\mathrm{d}t=b\int_0^T \sqrt{1+\frac{a^2-b^2}{b^2}\sin^2 t}\,\mathrm{d}t$$

と表せることになります．

［定理 9.2.1 の証明］　$\boldsymbol{x}(t)=(x_1(t),x_2(t))$ を区間 $[a,b]$ で連続微分可能な曲線とし，

$$a=t_0<t_1<t_2<\cdots<t_n=b$$

を $[a,b]$ の分割とします．示すべきことは，この分割の最大幅 $\max_{1\leq k\leq n}|t_k-t_{k-1}|$ が 0 に収束する極限で

$$\sum_{k=1}^{n}\sqrt{(x_1(t_k)-x_1(t_{k-1}))^2+(x_2(t_k)-x_2(t_{k-1}))^2}$$

が $\int_a^b \sqrt{x_1'(t)^2+x_2'(t)^2}\,\mathrm{d}t$ に収束することです．以下では

$$\Delta t_k = t_k - t_{k-1},$$
$$\Delta x_1(t_k) = x_1(t_k) - x_1(t_{k-1}),$$
$$\Delta x_2(t_k) = x_2(t_k) - x_2(t_{k-1})$$

という略記号を使います．

最初のステップは，微積分学の基本定理を使って

$$\Delta x_1(t_k) = \int_{t_{k-1}}^{t_k} x_1'(s)\mathrm{d}s$$

と書き直すことです．以下，しばらく x_1 だけ書きますが，x_2 に対しても同様のことが成り立ちます．ここで x_1' は仮定から連続なので，定理 3.3.3 から有界閉区間 $[a,b]$ 上で一様連続です．したがって，任意の $\varepsilon>0$ に対して $\delta>0$ を十分小さく取れば，

$$\max_{1\leq k\leq n}\Delta t_k < \delta$$

である限り，すべての $1\leq k\leq n$ で次が成り立ちます：

$$\max_{s\in[t_{k-1},t_k]}|x_1'(t_k)-x_1'(s)|\leq\varepsilon.$$

これを使うと，$[t_{k-1},t_k]$ での積分が

$$(x_1'(t_k)-\varepsilon)\Delta t_k \leq \int_{t_{k-1}}^{t_k} x_1'(s)\mathrm{d}s \leq (x_1'(t_k)+\varepsilon)\Delta t_k$$

と上下から評価できます．

不等式をいつも二つ書くのは面倒なので，上のことを以下のように書くことにしましょう：

$$\int_{t_{k-1}}^{t_k} x_1'(s)\mathrm{d}s = x_1'(t_k)\Delta t_k + \text{高々 } \varepsilon\Delta t_k \text{ の誤差}.$$

この左辺の積分は $\Delta x_1(t_k)$ と等しかったことを思い出して，x_2 についても同じ評価が得られることに注意すると，

$$\begin{aligned}&\sqrt{\Delta x_1(t_k)^2+\Delta x_2(t_k)^2}\\&\quad=\sqrt{x_1'(t_k)^2+x_2'(t_k)^2+\text{高々}\ (2\varepsilon|x_1'(t_k)+x_2'(t_k)|+\varepsilon^2)\ \text{の誤差}}\cdot\Delta t_k\end{aligned}$$

です．この 2 行目の根号の中は負になる可能性がありますが，そのときは 0 とみなします．1 行目では根号の中は負にはならないので，それで問題は起きません．

ここで定理 3.3.3 の有界性の主張から，すべての $1\leq k\leq n$ に対して $|x_1(t_k)|$, $|x_2(t_k)|\leq M$ となる $M>0$ が存在することと，$a\geq b\geq 0$ に対して成り立つ初等的な不等式

$$\sqrt{a}-\sqrt{b}\leq\sqrt{a-b}\leq\sqrt{a+b}\leq\sqrt{a}+\sqrt{b}\tag{9.2}$$

を使うと，上の式は

$$\left(\sqrt{x_1'(t_k)^2+x_2'(t_k)^2}+\text{高々}\ \sqrt{4M\varepsilon+\varepsilon^2}\ \text{の誤差}\right)\Delta t_k$$

であることがわかります．これを $1\leq k\leq n$ の範囲で足し上げると，

$$\begin{aligned}&\sum_{k=1}^{n}\sqrt{\Delta x_1(t_k)^2+\Delta x_2(t_k)^2}\\&\quad=\sum_{k=1}^{n}\sqrt{x_1'(t_k)^2+x_2'(t_k)^2}\Delta t_k+\text{高々}\sqrt{5M\varepsilon}\sum_{k=1}^{n}\Delta t_k\text{の誤差}\end{aligned}$$

となります．

ここで分割の幅を細かくすると，まず $\sqrt{x_1'(t)^2+x_2'(t)^2}$ は連続であり，したがってリーマン積分可能なので，2 行目の第 1 項は $\int_a^b\sqrt{x_1'(t)^2+x_2'(t)^2}\,\mathrm{d}t$ に収束します．一方で第 2 項は，$\sum_{k=1}^{n}\Delta t_k=b-a$ ですから，ε が小さくなるのに伴っていくらでも小さくできます．これで，積分が普通の意味で存在する場合の主張が証明できました．

次に，x_1' と x_2' のいずれかが端点 b で不連続で，定理の積分が広義積分になっている場合を考えましょう（端点 a の場合も同じです）．このとき，広義積分の定義は

$$\int_a^b\sqrt{x_1'(t)^2+x_2'(t)^2}\,\mathrm{d}t=\lim_{c\to b-}\int_a^c\sqrt{x_1'(t)^2+x_2'(t)^2}\,\mathrm{d}t\tag{9.3}$$

でした．区間 $[a,c]$ では x_1' も x_2' も連続なので，すでに示したことから，この右辺

の積分は曲線の区間 $[a, c]$ に対応する部分の長さに一致します．前半の証明と同じ分割の記号を使うことにして，c より小さい分割点の中で最大のものを t_m としましょう．目標は，「任意の $\varepsilon > 0$ に対して，分割の最大幅 $\max_{1 \le k \le n} |t_k - t_{k-1}|$ さえ小さくすれば

$$\left| \sum_{k=1}^{n} \sqrt{\Delta x_1(t_k)^2 + \Delta x_2(t_k)^2} - \int_a^b \sqrt{x_1'(t)^2 + x_2'(t)^2}\,\mathrm{d}t \right| < \varepsilon$$

とできること」を証明することです．以下のような近似を正当化する方針で進めます：

$$\begin{array}{ccc} \displaystyle\int_a^c \sqrt{x_1'(t)^2 + x_2'(t)^2}\,\mathrm{d}t & \xrightarrow{\text{(i) } c \to b} & \displaystyle\int_a^b \sqrt{x_1'(t)^2 + x_2'(t)^2}\,\mathrm{d}t \\ \Big\uparrow \text{(ii) 分割を細かくする} & & \\ \displaystyle\sum_{k=1}^{m} \sqrt{\Delta x_1(t_k)^2 + \Delta x_2(t_k)^2} & \xrightarrow{\text{(iii) } c \to b} & \displaystyle\sum_{k=1}^{n} \sqrt{\Delta x_1(t_k)^2 + \Delta x_2(t_k)^2}. \end{array}$$

まず (i) については，広義積分の定義 (9.3)から，c が b に十分近ければ

$$\left| \int_a^b \sqrt{x_1'(t)^2 + x_2'(t)^2}\,\mathrm{d}t - \int_a^c \sqrt{x_1'(t)^2 + x_2'(t)^2}\,\mathrm{d}t \right| < \frac{\varepsilon}{4}$$

とできます．

次に (ii) について，t_m を c に取り替えれば，前半で示したことを $[a, c]$ に限った曲線に適用できます．すると，$\delta > 0$ を十分小さく取ることで，分割の最大幅が δ より小さい限りにおいて，

$$\begin{aligned} &\sum_{k=1}^{m-1} \sqrt{\Delta x_1(t_k)^2 + \Delta x_2(t_k)^2} + \sqrt{(x_1(c) - x_1(t_{m-1}))^2 + (x_2(c) - x_2(t_{m-1}))^2} \\ &\quad = \int_a^c \sqrt{x_1'(t)^2 + x_2'(t)^2}\,\mathrm{d}t + \text{高々 } \frac{\varepsilon}{4} \text{ の誤差} \end{aligned}$$

とできることがわかります．一方で，$\sum_{k=1}^{m} \sqrt{\Delta x_1(t_k)^2 + \Delta x_2(t_k)^2}$ の t_m を c に取り替えて生じる誤差は

$$\sqrt{\Delta x_1(t_m)^2 + \Delta x_2(t_m)^2} - \sqrt{(x_1(c) - x_1(t_{m-1}))^2 + (x_2(c) - x_2(t_{m-1}))^2} \tag{9.4}$$

です．しかし x_1 と x_2 は $[a, c]$ では微分可能，したがって連続なので，定理 3.3.3 に

より一様連続です．これと $0 < c - t_{m-1} < t_{m+1} - t_{m-1}$ に注意すると，$\delta > 0$ を小さく取り直すことで，分割の最大幅が δ より小さい限りにおいて，式 (9.4)が $\frac{\varepsilon}{4}$ より小さくなるようにでき，したがって

$$\left| \sum_{k=1}^{m} \sqrt{\Delta x_1(t_k)^2 + \Delta x_2(t_k)^2} - \int_a^c \sqrt{x_1'(t)^2 + x_2'(t)^2}\,\mathrm{d}t \right| < \frac{\varepsilon}{2}$$

が得られます．

最後に (iii) は，$\sum_{k=m+1}^{n} \sqrt{\Delta x_1(t_k)^2 + \Delta x_2(t_k)^2}$ が小さいことを示せばよいのですが，これと広義積分の収束を結びつけるのには少し手間がかかります．いま，定理の仮定から

$$\int_a^b |x_1'(s)|\mathrm{d}s \leq \int_a^b \sqrt{x_1'(s)^2 + x_2'(s)^2}\,\mathrm{d}s < \infty$$

なので，広義積分 $\int_a^b x_1'(s)\mathrm{d}s$ は絶対収束し，したがって定理 8.4.1 により，すべての $1 \leq k \leq n$ において

$$\Delta x_1(t_k) = x_1(t_k) - x_1(t_{k-1}) = \int_{t_{k-1}}^{t_k} x_1'(s)\mathrm{d}s$$

が成り立ちます．これは x_2 についても同様です．すると，$p, q \geq 0$ に対して $\sqrt{p+q} \leq \sqrt{p} + \sqrt{q}$ であることと，積分の三角不等式（定理 4.2.2 の (4)）を使って

$$\begin{aligned}
\sum_{k=m+1}^{n} \sqrt{\Delta x_1(t_k)^2 + \Delta x_2(t_k)^2} &\leq \sum_{k=m+1}^{n} \left(|\Delta x_1(t_k)| + |\Delta x_2(t_k)|\right) \\
&\leq \sum_{k=m+1}^{n} \left(\int_{t_{k-1}}^{t_k} |x_1'(s)|\mathrm{d}s + \int_{t_{k-1}}^{t_k} |x_2'(s)|\mathrm{d}s \right) \\
&= \int_{t_m}^{b} |x_1'(s)|\mathrm{d}s + \int_{t_m}^{b} |x_2'(s)|\mathrm{d}s
\end{aligned}$$

とできます．ここで分割の最大幅を δ より小さく取ると，t_m の定め方から $t_m > c - \delta$ となっています．上の式の最後の行の広義積分はどちらも収束していたので，$\delta > 0$ を小さく取り直し，c を b に近く取り直すことで，

$$\begin{aligned}
\sum_{k=m+1}^{n} \sqrt{\Delta x_1(t_k)^2 + \Delta x_2(t_k)^2} &\leq \int_{c-\delta}^{b} |x_1'(s)|\mathrm{d}s + \int_{c-\delta}^{b} |x_2'(s)|\mathrm{d}s \\
&< \frac{\varepsilon}{4}
\end{aligned}$$

とできます．

ここまでに得た評価を組み合わせると，$\delta > 0$ を十分小さく取れば，分割の最大幅が δ より小さい限りにおいて，

$$\begin{aligned}
&\left| \sum_{k=1}^{n} \sqrt{\Delta x_1(t_k)^2 + \Delta x_2(t_k)^2} - \int_a^b \sqrt{x_1'(t)^2 + x_2'(t)^2}\,\mathrm{d}t \right| \\
&\quad \leq \sum_{k=m+1}^{n} \sqrt{\Delta x_1(t_k)^2 + \Delta x_2(t_k)^2} \\
&\qquad + \left| \sum_{k=1}^{m} \sqrt{\Delta x_1(t_k)^2 + \Delta x_2(t_k)^2} - \int_a^c \sqrt{x_1'(t)^2 + x_2'(t)^2}\,\mathrm{d}t \right| \\
&\qquad + \left| \int_a^c \sqrt{x_1'(t)^2 + x_2'(t)^2}\,\mathrm{d}t - \int_a^b \sqrt{x_1'(t)^2 + x_2'(t)^2}\,\mathrm{d}t \right| \\
&\quad < \varepsilon
\end{aligned}$$

となります．これが示すべきことでした． □

9.3 円弧の長さと円周率の存在証明

前節の議論により，円弧の長さを考えることができるようになりました．そこで小学校以来の伏線である，円弧の長さや円周率の存在を証明してみましょう．円周率の定義を思い出すと，

「円周の長さは直径に比例する．その比例定数を円周率という」

でした．この前半の文は，円周の長さが存在することと，それが直径に比例する，という二つの証明すべき事実を含んでいます．それを確かめることが，円周率の存在を証明するということです．

原点を中心とする半径が r の円の方程式は $x^2 + y^2 = r^2$ です．この図形は座標軸に関する折り返しについて対称なので，周の長さを求めるには，第一象限にある部分の長さを求めて 4 倍すればよさそうです．ここでは，少し一般化して $(r, 0)$ から $(\sqrt{r^2 - y^2}, y)$ $(0 \leq y \leq r)$ までの円弧の長さ $L(y)$ を考えます（図 9.2 参照）．

円の方程式は，$x, y \geq 0$ においては

$$x = \sqrt{r^2 - y^2}, \quad 0 \leq y \leq r$$

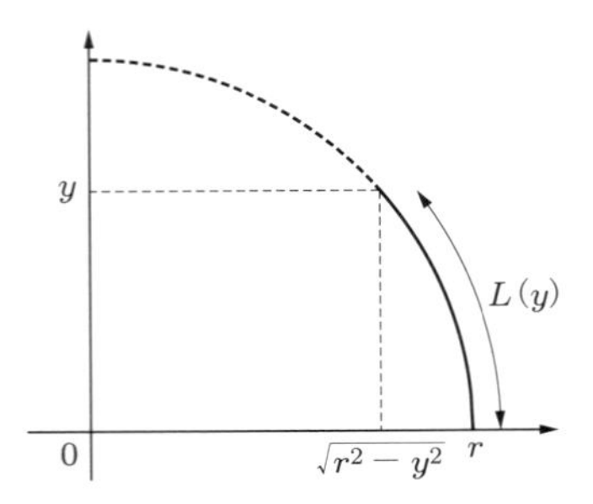

図 9.2　$L(y)$ が表す円弧の長さ．右端の点 $(r, 0)$ から高さが y になるまでの部分であり，左端の点の x 座標は円の方程式から $\sqrt{r^2 - y^2}$ である．

と x について解くことができます．すると $L(y)$ は，系 9.2.2 により

$$L(y) = \int_0^y \sqrt{1 + \left(\frac{t}{\sqrt{r^2 - t^2}}\right)^2}\,\mathrm{d}t = \int_0^y \frac{r}{\sqrt{r^2 - t^2}}\,\mathrm{d}t$$

と表されます．$y = r$ のときは，系 9.2.2 の仮定である広義積分の存在を確認する必要がありますが，被積分関数は非負であり，

$$\begin{aligned}
\lim_{\varepsilon \to 0+} \int_0^{r-\varepsilon} \frac{r}{\sqrt{r^2 - t^2}}\,\mathrm{d}t &= \lim_{\varepsilon \to 0+} \int_\varepsilon^r \frac{r}{\sqrt{s(2r - s)}}\,\mathrm{d}s && \blacktriangleleft\, r - t = s \text{ と置換} \\
&\leq \lim_{\varepsilon \to 0+} \sqrt{r} \int_\varepsilon^r \frac{1}{\sqrt{s}}\,\mathrm{d}s && \blacktriangleleft\, 2r - s \geq r \\
&= \lim_{\varepsilon \to 0+} \sqrt{r}\,\left[2\sqrt{s}\right]_\varepsilon^r && \blacktriangleleft\, \text{微積分学の基本定理}
\end{aligned}$$

と評価すると，最後の極限は $2r$ に収束するので問題ありません．したがって，$L(y)$ はすべての $0 \leq y \leq r$ に対して意味をもちます．さらに円周の長さは

$$\begin{aligned}
4L(r) &= 4 \lim_{\varepsilon \to 0+} \int_0^{r-\varepsilon} \frac{r}{\sqrt{r^2 - t^2}}\,\mathrm{d}t \\
&= 4r \lim_{\varepsilon \to 0+} \int_0^{1 - \varepsilon/r} \frac{1}{\sqrt{1 - s^2}}\,\mathrm{d}s && \blacktriangleleft\, t = rs \text{ と置換} \\
&= 4r \int_0^1 \frac{1}{\sqrt{1 - s^2}}\,\mathrm{d}s && \blacktriangleleft\, \text{広義積分として}
\end{aligned}$$

と書けるので，確かに直径 $2r$ に比例していることも確かめられました．これによって円周率 π の存在が証明され，その値は広義積分を使って

$$\pi = 2\int_0^1 \sqrt{\frac{1}{1 - t^2}}\,\mathrm{d}t$$

と表せることもわかりました．

最初に第一象限に限ったことと，中心を原点としたことは，正確にいえば「合同な曲線の長さは等しい」という事実を使っています．この事実は証明可能ですが，そのためには解析幾何に立ち戻る必要があって，微積分からは少し離れるので，本書では踏み込みません．

9.4 楕円の周の長さの問題の解決

ここでは，1.2 節で例として取り上げた楕円の周の長さの問題が，ここまでに展開した理論によって解決されていることを確かめます．前節の円弧の長さと，ほとんど議論の内容は同じです．

考えていた楕円は xy 平面で $4x^2+y^2=1$ という方程式で表されるもので，この図形は x 軸と y 軸について対称なので，第一象限に含まれる部分の長さを求めて，後で 4 倍するという方針でした．第一象限では y について解くことができて $y=\sqrt{1-4x^2}$ $(0 \leq x \leq \frac{1}{2})$ なので，グラフの長さの公式（系 9.2.2）を使うと

$$\int_0^{1/2} \sqrt{1+(y')^2}\,\mathrm{d}x = \int_0^{1/2} \sqrt{\frac{1+12x^2}{1-4x^2}}\mathrm{d}x$$

と表せます．この右辺は広義積分と解釈する必要がありますが，収束さえ確認できれば系 9.2.2 は適用可能なので問題ありません．

そこで広義積分の収束を確かめましょう．まず，$0 \leq x \leq \frac{1}{2}$ においては $1+12x^2 \leq 4$ であることに注意します．これと，$x \geq 0$ において

$$1-4x^2 = (1+2x)(1-2x) \geq 1-2x$$

であることを組み合わせると，被積分関数は

$$0 \leq \sqrt{\frac{1+12x^2}{1-4x^2}} \leq \sqrt{\frac{4}{1-2x}}$$

を満たしています．したがって，右辺の関数の広義積分が収束することを示せば，問題の広義積分も絶対収束することになります．そこで右辺の広義積分を計算すると，

$$\int_0^{1/2} \sqrt{\frac{4}{1-2x}}\mathrm{d}x = \lim_{a \to 1/2-} \int_0^a \sqrt{\frac{4}{1-2x}}\mathrm{d}x$$

$$
\begin{aligned}
&= \lim_{a \to 1/2-} \int_{1-2a}^{1} \frac{1}{\sqrt{t}} \mathrm{d}t \\
&= \lim_{a \to 1/2-} \left[2\sqrt{t} \right]_{1-2a}^{1} \\
&= 2
\end{aligned}
$$

◀$1 - 2x = t$ として置換積分

なので，確かに収束しています．

これで，楕円の周の長さが広義積分によって表示できることの証明が完成しました．ここでの議論は，必ずしも周の長さや第一象限にある部分の長さに限らず，第一象限の $0 \leq x \leq t$ にある部分の長さである

$$
L(t) = \int_{t}^{1/2} \sqrt{\frac{1 + 12x^2}{1 - 4x^2}} \mathrm{d}x
$$

の存在も保証しています．この関数には実は逆関数の微分定理が使えて，微分可能な逆関数の存在がわかります．その関数は，円の場合には「弧長（= 角度）に対して x 座標を返す」関数で，つまり cos です．楕円の場合にどのような関数になっているかは，楕円関数とよばれる特殊関数の研究の一環として詳しく調べられています．

9.5　平面図形の面積の定義と積分との関係

平面の図形の面積は慣れ親しんだ概念のように思っているかもしれませんが，高校までの数学では非常に簡単なものしか正式には定義していません．ここでは面積の定義について考え直して，「連続な関数のグラフと x 軸で囲まれる部分の面積が積分で計算できる」という，高校の数学の教科書にも載っている事実を証明します．

面積の定義について知っていることを簡単に復習しましょう．まず，一辺の長さが 1 の正方形の面積は 1 です．これは単位を定めているわけで，数学的にいえばそう定義するということです．これに，

二つの交わらない集合 A, B の和集合 $A \cup B$ の面積は，
A の面積と B の面積の和　(9.5)

という自然な約束を付け加えると，各辺の長さが正の整数の長方形の面積も，それに含まれる一辺の長さが 1 の正方形の数として定まります．さらにもう一つ自然な，

平行移動で重なる図形の面積は等しい　(9.6)

という約束を付け加えると，一辺が 1 の正方形を田のように 4 等分することで，一辺が $\frac{1}{2}$ の正方形の面積は $\frac{1}{4}$ と決まります．より一般に，一辺が有理数 $\frac{m}{n} > 0$ の正方形の面積も $(\frac{m}{n})^2$ と決まります．

もっと一般の平面上の図形は，図 9.3 のように内側と外側から正方形の和で近似して，使う正方形をどんどん小さくすることを考えます．正方形は，一辺の長さが有理数なら面積を知っていますし，その和集合の面積はそれぞれの正方形の面積の和であることを知っているので，近似値は計算可能です．

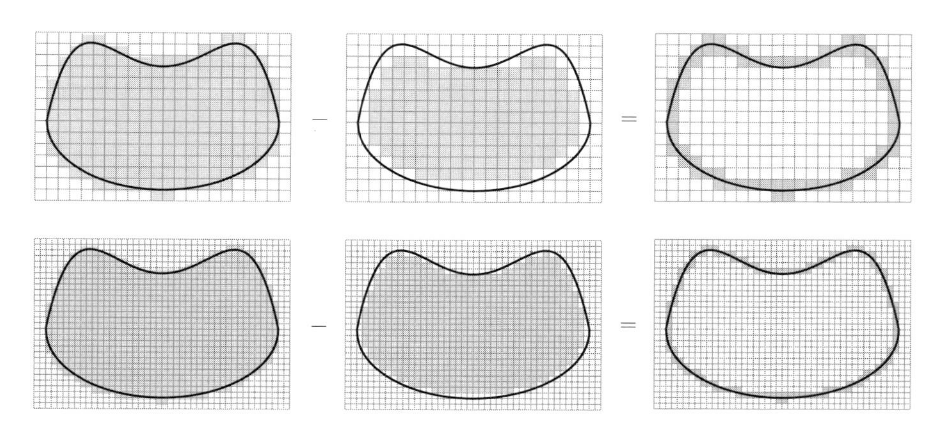

図 9.3 集合を，外側と内側から正方形の集まりで近似している様子．二つの近似の差は，境界を覆う正方形の分だけである．

このとき，たとえばマス目の一辺を半分にすることで細分していくと，内側からの近似に使う正方形は徐々に増えていき，外側からの近似に使う正方形は徐々に減っていくことがわかります（図 9.4 参照）．したがって，内側からの近似値は単調増加列で，外側からの近似値は単調減少列です．さらに，最初の外からの近似が有限個の正方形でできるという自然な仮定をおけば，その後のすべての近似値はそれを超えないので上に有界です．また，面積は非負なので下に有界です．そうすると定理 2.4.1 によって，内側からの近似値も外側からの近似値も収束することがわかります．

この二つの極限値が一致するときに，考えている図形はジョルダン (Jordan) の意味で面積確定（またはジョルダン可測）であるといい，共通の極限値をその図形の面積と定めます．よく知っている図形（長方形，三角形や円など）がこの定義で面積確定であることは，頑張れば証明することができます．面積確定ではない場合があることは想像しにくいかもしれませんが，たとえば一辺の長さが 1 の正方形の中

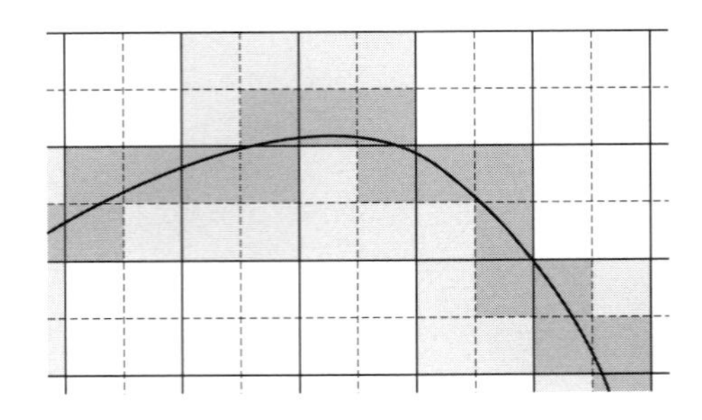

図 9.4　図 9.3 の右上を拡大した図．黒の格子は粗い正方形，破線の格子はそれを半分に細分した正方形での近似．薄いグレーの正方形のうち，図形の外側にあるものは細分したときに除外され，内側にあるものは新たに加えられる．

で，座標が両方とも有理数の点だけを集めた集合

$$\{(x, y) \colon 0 \leq x \leq 1, x \in \mathbb{Q}, 0 \leq y \leq 1, y \in \mathbb{Q}\}$$

を考えると，外側から近似するにはすべてを覆うしかなく，内側に入る正方形はないので，二つの極限値が一致しないことがわかります．こういう図形に対しては，面積は定義できないと考えます．

ところで，上の面積の定義にはいくつか解決すべき問題があります．

- 一つ目は，上の格子の原点と縦横の軸をどこにどう取るのかということです．上の図では，あたかも初めから与えられているかのように描いていますが，原点は少しずらしてもよいはずですし，格子全体を少し回転してもよいはずです．しかしそうすると，どの正方形が図形に含まれるかなどは少し変わるので，毎回の近似値は少しずつ変わります．一方で，それによって図形の面積が変わるようなことがあってはおかしいので，格子を細分したときの極限値は一致することを示しておきたいところです．
- 二つ目は，上の定義で一般の図形に対しても約束 (9.5) と約束 (9.6) が成り立つかわからないことです．これらは最初は面積が当然もっている性質として約束しましたが，一般の図形の面積は複雑な極限として定義したので，これらの性質が満たされていることは明らかではなく，証明が必要です．また，約束 (9.6) は「合同な図形の面積は等しい」まで一般化できるはずで，小学校で学んだ三角形の面積の公式などはそれを使っています．
- 三つ目は，（一辺が有理数の）正方形の面積の定義が 2 通りできてしまったこと

です．上で面積がもっているべき二つの性質を使って正方形の面積を定めましたが，正方形に対しても一般の図形に対する定義を適用して，内側と外側からの近似を考えることもできます．二つの方法で定めた面積が異なるのは不合理なので，一致することを確かめる必要があります．

これらはいずれも少し頑張れば証明することができるのですが，本来は多変数関数の積分の準備（あるいは応用）として学ぶことなので，本書ではそこまではしません[†1]．

これらの問題はとりあえず脇に置くとして，面積の定義からすぐにわかることとして，

A と B が面積確定で $A \subset B$ ならば，
A の面積は B の面積以下である　　(9.7)

という性質があります．これは，B の外側からの近似が常に A の外側からの近似にもなっていることからわかります．この性質は後で一度だけ使うので，ここで明記しておきます．

この節の主な目的は，冒頭に述べた高校の数学の教科書に書かれている事実の意味を明確にした，以下の定理の証明を与えることです．これは，付録の C.1 節で三角関数の極限を考えるときにも使います．

定理 9.5.1　区間 $[a,b]$ で非負の値を取るリーマン積分可能な関数 f について，集合

$$\{(x,y)\colon a \leq x \leq b, 0 \leq y \leq f(x)\} \tag{9.8}$$

はジョルダンの意味で面積確定であり，その面積は $\int_a^b f(x)\mathrm{d}x$ である．

[証明]　記号を簡単にするために $[a,b]=[0,1]$ として証明します．関数 f はリーマン積分可能と仮定したので，$[0,1]$ をどのように分割して，それぞれの小区間のどの点を使ってリーマン和を作っても，分割を細かくする極限を取れば $\int_0^1 f(x)\mathrm{d}x$ に収束します．そこで，$[0,1]$ を 2^n 等分して $I_{k,n}=[\frac{k-1}{2^n},\frac{k}{2^n}]$ $(1 \leq k \leq 2^n)$ とします．

---

†1 微積分学の詳しい教科書なら多くのものに書かれています．一例として溝畑茂『数学解析・下』（朝倉書店）の 6.2 節を挙げておきます．ただし，積分に対する主張として書かれた内容を解釈し直す必要があります．面積に限って書かれたものとしては，新井仁之『ルベーグ積分講義』（日本評論社）の第 1 章と付録 E があります．

上で面積の定義を議論したときと同様に，縦方向も 2^{-n} ずつに分割して，内側と外側からの近似を考えましょう．そのために，各 $I_{k,n}$ の上にある正方形の中で曲線 $y=f(x)$ と交わるものを考え，最も下にあるものの下辺の高さを $l_{k,n}$ とし，その中の一点 $(\underline{\xi}_{k,n}, f(\underline{\xi}_{k,n}))$ を取ります．同様に，最も上にあるものの上辺の高さを $u_{k,n}$ とし，その中の一点 $(\overline{\xi}_{k,n}, f(\overline{\xi}_{k,n}))$ を取ります（図 9.5 参照）．

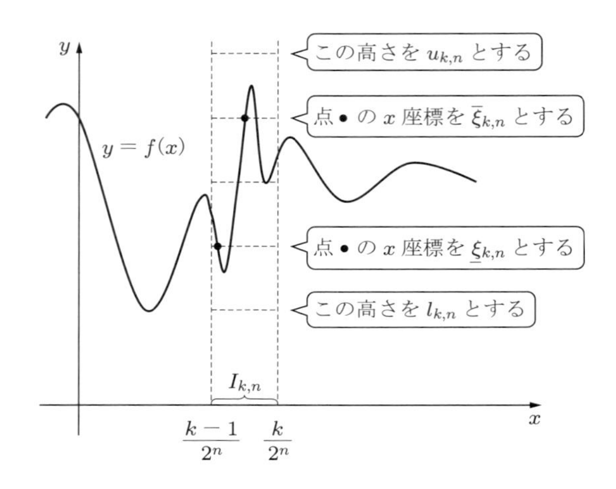

図 9.5　$I_{k,n}$ における $\underline{\xi}_{k,n}$, $\overline{\xi}_{k,n}$ と $l_{k,n}$, $u_{k,n}$ の取り方．この図では関数 f は連続なので，中間値の定理によって $\underline{\xi}_{k,n}$, $\overline{\xi}_{k,n}$ は上のように水平線との交点に取れているが，一般にはそうとは限らないし，証明においてそのことは使わない．

このようにすると，各 $I_{k,n}$ の上で，1 番目から $l_{k,n}$ 番目までの正方形を集めたものは式 (9.8)で表される図形の内側からの近似になり，1 番目から $u_{k,n}$ 番目までの正方形を集めたものは外側からの近似になります．ここで，$\underline{\xi}_{k,n}$, $\overline{\xi}_{k,n}$ と $l_{k,n}$, $u_{k,n}$ の取り方から

$$f(\underline{\xi}_{k,n}) - \frac{1}{2^n} \leq l_{k,n} \leq u_{k,n} \leq f(\overline{\xi}_{k,n}) + \frac{1}{2^n} \tag{9.9}$$

となっているので，これらに $\frac{1}{2^n}$ を掛けて $1 \leq k \leq 2^n$ について合計すると，次のように内側からの近似と外側からの近似を挟む不等式が得られます：

$$\sum_{1\leq k\leq 2^n} \left(f(\underline{\xi}_{k,n}) - \frac{1}{2^n} \right) \frac{1}{2^n} \leq \sum_{1\leq k\leq 2^n} l_{k,n} \frac{1}{2^n} \qquad \text{◀ 内側からの近似}$$

$$\leq \sum_{1\leq k\leq 2^n} u_{k,n} \frac{1}{2^n} \qquad \text{◀ 外側からの近似}$$

$$\leq \sum_{1\leq k\leq 2^n} \left(f(\overline{\xi}_{k,n}) + \frac{1}{2^n} \right) \frac{1}{2^n}.$$

この左辺と右辺はそれぞれ

$$\sum_{1\leq k\leq 2^n} \left(f(\underline{\xi}_{k,n}) - \frac{1}{2^n} \right) \frac{1}{2^n} = \sum_{1\leq k\leq 2^n} f(\underline{\xi}_{k,n}) \frac{1}{2^n} - \frac{1}{2^n},$$

$$\sum_{1\leq k\leq 2^n} \left(f(\overline{\xi}_{k,n}) + \frac{1}{2^n} \right) \frac{1}{2^n} = \sum_{1\leq k\leq 2^n} f(\overline{\xi}_{k,n}) \frac{1}{2^n} + \frac{1}{2^n}$$

と変形できますが，ここで f がリーマン積分可能と仮定したことを思い出すと，これらはいずれも $n \to \infty$ において $\int_0^1 f(x)\mathrm{d}x$ に収束します．すると，はさみうちの原理によって，内側からの近似と外側からの近似も同じ値に収束します．これが示すべきことでした． □

付録 A

実数とその部分集合の性質

この付録では，実数とその部分集合の性質について，ここまでに詳しく述べなかったことを扱います．その一つ目は，無限小数に対する四則演算の定義です．二つ目は，微積分学の基本定理 (2) の証明で使ったハイネ－ボレルの被覆定理です．

A.1 実数の四則演算について

最初に，実数とは「自然数 l と，0 から 9 までの整数からなる数列 $(a_{(n)})_{n=-l}^{\infty}$ と符号を使って

$$\pm a_{(-l)}a_{(-l+1)}\cdots a_{(0)}.a_{(1)}a_{(2)}\cdots \tag{A.1}$$

と表せるもの」としていたことを思い出しましょう．これに加えて，$1.000\cdots = 0.999\cdots$ のように，ある桁からずっと 9 が続くときは，それを繰り上げたものと同じとみなすと約束していました．こうして定義した実数に対して，四則演算をどう定義するかが第 2 章からの積み残しになっています．この節では，これらの定義について説明します．最後にそれを使って，$\sqrt{3}$ をどう定義するかも紹介します．

有限小数どうしの和・差・積は小学校で習ったとおりですが，商は有限小数どうしの計算でも結果が無限小数になることがあるので，後にします．無限小数どうしの和・差・積は，それぞれを適当な桁数で打ち切って有限小数として計算し，式 (A.1) に現れる数列 $(a_{(n)})_{n=-N}^{\infty}$ を前から順に求めていくことで定義されます．一つの例として $\pi + e$ を見ておきましょう．第 2 章で触れたように，これは高校までにやり方を学んでいない計算です．足し算は下の桁から順に計算することになっていて，無限小数どうしでは計算が始められないからです．上に述べた定義は，正確にいえば

$$\pi = 3.14159265358979323846264 3\cdots,$$
$$e = 2.718281828459045235360287\cdots$$

を使って，

$$5.8 = 3.1 + 2.7 < \pi + e \leq 3.2 + 2.8 = 6,$$
$$5.8597 = 3.141 + 2.718 < \pi + e \leq 3.142 + 2.719 = 5.8599,$$
$$5.859873 = 3.141592 + 2.718281 < \pi + e \leq 3.141593 + 2.718282 = 5.859875,$$
$$\vdots$$

のように不等式の系列を作るということです．たとえば，3 番目の計算によって $\pi + e = 5.85987\cdots$ と小数第 5 位まで決まっています（第 6 位は，3 と 4 の可能性が両方残っているので決まっていません）．

このように小数点以下を上から順に決めていくためには，下の位からの繰り上がりが前に決めた位に影響しないことを確かめる必要があります．そのために，繰り上がりが小数第 n 位に影響するのは，第 $n+1$ 位が 9 であるときに限ることに注意します．したがって，上のような手続きを繰り返したときに小数第 n 位が決まらないのは，その後に連続して 9 が現れているときに限られます．しかし，一度でもその下の位の演算で繰り上がりが起こるとその状況は解消するので，

- 実際に繰り上がりが起こって小数第 n 位が確定する，
- 小数第 $n+1$ 位以下はすべて 9 で，繰り上がりは起こらない

の 2 通りの可能性しかありません．いずれにせよ小数第 n 位は確定するので，上の不等式の系列の左辺と右辺は式 (A.1) のような無限小数を定めることがわかります．両者の差は，小数第 n 位までの近似値を使ったとすると $2 \cdot 10^{-n}$ しかないので，n を大きくすると同じ実数を定めることがわかります．したがって，この手続きで決まった実数を自然に $\pi + e$ の値とすることができます．

なお左辺において，ある位から下がずっと 9 になる場合には，右辺には見た目の異なる実数が現れます．しかしこのときも，最初においた約束によって両者は同じ数であることがわかります．

Check 二つの循環小数 $0.444\cdots$ と $0.555\cdots$ の和を計算するための不等式の系列

を作り，上に述べたことを確かめよ．

差と積についても同様に，計算したい数の近似をよくしていく過程で繰り下がりや繰り上がりに注意する必要はありますが，各位の数は有限の手続きで確定することがわかります．しかし，これらのことをすべての実数に対して証明するのは，記述が大変になるので本書ではしません．また和も含めて，有限小数の演算を考えるときには，ある桁からずっと 9 が続くほうの表示を代わりに使っても結果が同じになることも，本当は証明が必要なことです．

次に商を考えます．例として $2 \div 3$ を考えてみると，これの定義は「3 倍すると 2 になる数」でした．そこで大小関係を使って，近似値を求めるつもりで考えると，

$$\begin{gathered} 0.6 \times 3 = 1.8 < 2 \leq 2.1 = 0.7 \times 3, \\ 0.66 \times 3 = 1.98 < 2 \leq 2.01 = 0.67 \times 3, \\ 0.666 \times 3 = 1.998 < 2 \leq 2.001 = 0.667 \times 3, \\ \vdots \end{gathered} \tag{A.2}$$

のようにすることで，

$$\begin{gathered} 0.6 < 2 \div 3 \leq 0.7, \\ 0.66 < 2 \div 3 \leq 0.67, \\ 0.666 < 2 \div 3 \leq 0.667, \\ \vdots \end{gathered} \tag{A.3}$$

のように，$2 \div 3$ を挟む不等式をどんどん精密化していくことができます．正確にいうと，式 (A.3)の左辺は「3 倍して 2 より小さくなる小数第 n 位までの数の中で最大のもの」です．この決め方から，左辺の小数第 n 位が $n+1$ 番目以降の不等式において変わることはないことがわかります．すると左辺を決めている手続きは，上の位から順に決めていることになり，式 (A.1)で定義した意味での実数 $0.666\cdots$ が決まります（やっていることは，実は小学校で習った筆算と同じです）．さらに式 (A.3)の右辺は，左辺と 10^{-n} しか差がないので，n を大きくしていくと同じ実数を定めます．こうしてできた実数について $0.666\cdots \times 3$ を計算してみると，上の式 (A.2)が無限小数の積の定義を確認していることになっていて，結果は $1.999\cdots = 2.000\cdots$ であることがわかります（証明にするには少し議論が必要ですが，すぐ後で $\sqrt{3}$ に

ついて同じことをするので，興味があればその議論を見てから自分で取り組んでみましょう）．これで，$0.666\cdots$ が「3 倍すると 2 になる数」であることが確かめられたことになります．この商の定義は繰り上がりや繰り下がりを含まないので，一般の実数に対してもとくに注意することはなく，そのまま通用します．

MEMO ここまでで見たように四則演算の定義が面倒であることと，ほかのいくつかの理念的な理由で，実数の構成については本書とは異なる方法（デデキント (Dedekind) 切断による方法とコーシー列の同値類による方法）が標準的になっています．具体的な内容は，巻末の参考文献を見てください．

四則演算が定義できたことの副産物として，中学数学から残された伏線「$\sqrt{3}$ の存在」を証明しておきましょう．

例 A.1.1 $\sqrt{3}$ は，二乗すると 3 になる正の数でした．これが実数として存在することを確かめましょう．単純な計算で

$$\begin{aligned}
1.7^2 = 2.89 < 3 \leq 3.24 = 1.8^2, \\
1.73^2 = 2.9929 < 3 \leq 3.0276 = 1.74^2, \\
1.732^2 = 2.999824 < 3 \leq 3.003289 = 1.733^2, \\
1.7320^2 = 2.999824 < 3 \leq 3.00017041 = 1.7321^2, \\
\vdots
\end{aligned} \tag{A.4}$$

がわかります．これは正確にいうと，小数第 n 位までの数で，その二乗が 3 より小さい最大のものと，その二乗が 3 より大きい最小のものを探しているわけです．この決め方から，左辺に現れる小数は上の桁から順に決まっていく（後で上の桁が変わることはない）ことがわかるので，この手続きを繰り返して無限小数 s_∞ を定めることができます．これが実際に「二乗すると 3 になる正の数」になっていることを確かめましょう．実は，式 (A.4)がそれを無限小数の積の定義に従って確かめていることになっています．この部分は $2 \div 3$ のときには丁寧に議論しなかったので，この例では丁寧に見ておきます．

上の n 番目の不等式の左辺を s_n とすると，右辺は $s_n + 10^{-n}$ であることに注意します．このとき，上で作った無限小数を s_∞ とすると，

$$s_n^2 < s_\infty^2 \leq (s_n + 10^{-n})^2 = s_n^2 + 2s_n \cdot 10^{-n} + 10^{-2n}$$

となっています．ここで，左辺は 3 より小さく，右辺は 3 以上にしてあったことを思い出すと，

$$3 - (2s_n \cdot 10^{-n} + 10^{-2n}) \leq s_n^2 < 3$$

です．$n = 1$ の不等式から $s_n < 2$ がわかっているので，左辺で引いている数は 10^{-n+1} よりは小さいことがわかります．これですべての n に対して

$$2.999 \cdots 9 < s_n^2 \leq s_\infty^2 \leq 3$$

第 $n-1$ 位

がわかったので，$s_\infty^2 = 3$ が確かめられました． □

商と平方根の議論は，これらが逆演算であることもあって少し大変でした．これらについて，たとえば中間値の定理を使って定義するなどの方法もあって，ある部分は効率的になります．しかし，中間値の定理が出てくるまで割り算ができないというのも気持ち悪いので，ここでは小学校で学んだ計算とあまり変わらない方法にこだわりました．

Column　「$0.999 \cdots = 1.000 \cdots$」について ③

この節で定義した演算の規則に従うと，

$$1.000 \cdots - 0.999 \cdots = 0.000 \cdots$$

となります．したがって，$0.999 \cdots = 1.000 \cdots$ と約束することは，差が 0 の二つの実数は等しい，という当たり前に見える性質を保証する役割もあることがわかります．ただし，当たり前に見えるからといって無条件に正しいわけではないので，これで $0.999 \cdots = 1.000 \cdots$ が証明できるわけではありません．実際，上の式からこの等式を証明しようとすれば，両辺に $0.999 \cdots$ を加えて

$$1.000 \cdots = 0.000 \cdots + 0.999 \cdots$$

とするのが自然です．しかし，右辺をこの節で定めた演算の定義に従って計算しようとして不等式の系列を作ると，結果として $0.999 \cdots$ と $1.000 \cdots$ の間にあることしかわかりません．これでは，右辺はそもそも十進無限小数としては一つに定まらないのです．裏を返せば，$0.999 \cdots = 1.000 \cdots$ と約束することは，$0.000 \cdots$ が「足しても変わらないもの」という意味で，これまで使ってきた 0 と同じであることを

保証する役割も果たしているわけです．

A.2 ハイネ－ボレルの被覆定理の証明

この節では，ハイネ－ボレルの被覆定理（定理 5.5.2）を証明します．まず，内容を思い出しておきましょう．

定理 A.2.1 区間 $[a,b] \subset \mathbb{R}$ の各点 x に開区間 $(x-\delta_x, x+\delta_x)$ が付与されているとき，有限個の $x_1, x_2, \ldots, x_N$ をうまく選んで $[a,b] \subset \bigcup_{j=1}^{N}(x_j-\delta_{x_j}, x_j+\delta_{x_j})$ とできる．

これは，5.5 節で微積分学の基本定理 (2) を証明するときに使いました．また，連続関数のリーマン積分可能性を証明するときに使った，「有界閉区間上の連続関数は有界で一様連続」という定理（定理 3.3.3）の証明（付録 B）にも使います．主張の意味はわかりにくかったと思いますが，証明は（抽象的ではあるものの）意外に簡単です．

証明に入る前に，少しだけ例を見て感覚をつかんでおきましょう．

例 A.2.2 区間 $(0,1]$ に対して，たとえば $(0,1] \subset \bigcup_{x\in(0,1]}(\frac{x}{2}, \frac{3}{2}x)$ となっています（$\delta_x = \frac{x}{2}$ としたわけです）．ここから有限個の開区間を選んで $(0,1]$ を覆うことはできません．それは $(0,1]$ に左端点が抜けているからです．左端点を含めた区間 $[0,1]$ を被覆しようとすれば，$x=0$ に付与された $(-\frac{1}{1000}, \frac{1}{1000})$ のような開区間が追加されます．これは非常に小さな区間ですが，これを追加した途端に，$x = 1, \frac{1}{2}, \ldots, \frac{1}{501}$ と $x=0$ だけを使って，

$$[0,1] \subset \bigcup_{n=1}^{501}\left(\frac{1}{2n}, \frac{3}{2n}\right) \cup \left(-\frac{1}{1000}, \frac{1}{1000}\right)$$

と有限個で覆うことができるようになります． □

[定理 A.2.1 の証明] 背理法で示すため，無限個の $(x-\delta_x, x+\delta_x)$ を使わないと $[a,b]$ を覆えない場合があるとします．$[a,b]$ を，$[a, \frac{a+b}{2}] \cup [\frac{a+b}{2}, b]$ と半分に分けましょう．両方が有限個の $(x-\delta_x, x+\delta_x)$ を使って覆えれば，全体も有限個で覆えるので，どちらかは無限個を使わないと覆えないことになります．

無限個を使わないと覆えないほうをさらに半分に分けて同じ議論を繰り返すと，区間の列 $I_1 \supset I_2 \supset \cdots$ で，各 I_n の幅が $\frac{b-a}{2^n}$ であり，さらにどの I_n も無限個の $(x-\delta_x, x+\delta_x)$ を使わないと覆えないようなものが作れます．この I_n の左端点を l_n とすると，$n > N$ に対して $l_n \in I_n \subset I_N$ となっていることから

$$|l_N - l_n| \leq \frac{b-a}{2^N}$$

が成り立ちます．これは $(l_n)_{n\in\mathbb{N}}$ がコーシー列であることを意味するので，定理 2.6.2 により極限 $l = \lim_{n\to\infty} l_n$ が存在します．

この l が $[a,b]$ にあることがわかるので（後で示します），l に付与された開区間 $(l-\delta_l, l+\delta_l)$ があります．そして，$n \in \mathbb{N}$ を十分大きく取れば，数列の収束の定義から

$$\frac{b-a}{2^n} < \frac{1}{2}\delta_l, \quad |l_n - l| < \frac{1}{2}\delta_l$$

とできます．このとき，2 番目の条件からとくに $l - \delta_l < l_n$ で，I_n の右端点についても

$$\begin{aligned} l_n + \frac{b-a}{2^n} &\leq l + |l_n - l| + \frac{b-a}{2^n} \\ &< l + \delta_l \end{aligned}$$

なので，$I_n \subset (l-\delta_l, l+\delta_l)$ となっています．しかしこれは，I_n が無限個の開区間を使わないと覆えないことに矛盾しています．

最後に残された $l \in [a,b]$ を示しておきましょう．数列の収束の定義から，どんな小さな $\varepsilon > 0$ に対しても n を十分大きく取ると $|l_n - l| < \varepsilon$ とできて，l_n は定義から $[a,b]$ にあるので，$l > a - \varepsilon$ です．これは「l が a より小さなどんな数よりも大きい」ことを示しているので，$l \geq a$ です．$l \leq b$ も同様に示せます．　□

証明の最後の部分について，ある区間内の数列が収束するなら極限もその区間内にあるのは当然，と思うかもしれませんが，それは正しくありません．たとえば $a_n = \frac{1}{n} \in (0,1)$ ですが，極限の 0 は $(0,1)$ に含まれません．ここでは区間に端点が含まれていることが効いているのです．

この証明を見直すと，使っていることは，$[a,b]$ の性質のうち

- 有界である（$\frac{b-a}{2^n}$ が有限であるため），
- その中の数列が収束すれば，極限もその中にある

という二つの性質だけです．この2番目の性質をもつ集合を閉集合といいます．このことに注意すると，ハイネ–ボレルの被覆定理は有界閉区間に限らず，有界な閉集合に対して成り立つことがわかります．このような一般化は，微積分で多変数関数を扱うときに本格的に学ぶことになっているので，本書では深入りはしませんが，上の証明は多変数の場合にも通用する方針で書いておきました．

Column ハイネ–ボレルの被覆定理は難しい？

微積分の本でハイネ–ボレルの被覆定理を扱っているものは少数派で，扱わない理由としてよく聞くのは「難しいから」ということです．確かにすぐに意味のわかる定理ではありませんが，微積分学の基本定理 (2) の証明を見ればわかるように，これは局所（微分）と大域（積分）をつなぐのに本質的な役割を果たす，理念的に重要な定理です．そこで本書では，あえてこの定理を何度も使って慣れてもらう方針を採りました（付録 B でも 2 回使います）．この定理には苦労してでも慣れる価値がありますし，また一見すると不思議な定理が活躍するのも数学の一つの面白さだと思います．その代わりにほかのいろいろな位相的概念——上限，下限，区間縮小法，ボルツァーノ–ワイエルシュトラス (Bolzano–Weierstrass) の定理など——を扱いませんが，意外とむしろ負担軽減になっている面もあるのではと期待しています．

付録 B

連続関数の深い性質と応用

有界閉区間上の連続関数がリーマン積分可能であることを証明するときに，そういう関数が有界で一様連続であるという定理（定理 3.3.3）を証明せずに使いました．これを含めて，微積分学には，基礎的な定理をすべて証明しようとすると必要である，難しい定理がいくつかあります．この付録では，それらの定理の証明を与えます．第 2 章の「実数の連続性」と，付録 A の「ハイネ–ボレルの被覆定理」が鍵になります．

B.1 連続関数の有界性と一様連続性の証明

この節では，以下の二つの連続関数の深い性質を証明します．

定理 B.1.1　有界閉区間 $[a,b]$ 上で連続な関数は有界である．

定理 B.1.2　有界閉区間 $[a,b]$ 上で連続な関数は一様連続である．

これも，ハイネ–ボレルの被覆定理と同じように，証明する前に反例を作ろうとしてみたり，どうしてそうなるのか少し考えてみたりするとよいと思います．正しいと信じるのはそう難しくないと思いますが，証明はできそうでしょうか．また，連続の仮定を外すと反例がありますが，それはどんな関数でしょうか．

[定理 B.1.1 の証明]　関数 f が $[a,b]$ で連続とすると，各 $x \in [a,b]$ に対して $\delta_x > 0$ を十分小さく取れば，すべての $y \in (x-\delta_x, x+\delta_x)$ で $|f(x)-f(y)| \leq 1$（したがって $|f(y)| \leq |f(x)|+1$）とできます．ここで，もちろん $[a,b] \subset \bigcup_{x\in[a,b]}(x-\delta_x, x+\delta_x)$ なので，ハイネ–ボレルの定理により，有限個の点 $\{x_j\}_{j=1}^{N}$ を選んで $[a,b] \subset \bigcup_{j=1}^{N}(x_j - \delta_{x_j}, x_j + \delta_{x_j})$ とできます．これはすべての $y \in [a,b]$ が，いずれか

の $(x_j - \delta_{x_j}, x_j + \delta_{x_j})$ に属していることを意味するので，y の位置に関わらず

$$|f(y)| \leq \max_{1 \leq j \leq N} |f(x_j)| + 1$$

となります． □

この証明を見ると，ハイネ－ボレルの定理が，主張がわかりにくい一方で強力であることが感じられるのではないでしょうか．多くの微積分の本は，ボルツァーノ－ワイエルシュトラスの定理を使って証明しているので，比較してみるとよいと思います．

次に，有界閉区間上の連続関数は一様連続であることを証明します．

［定理 B.1.2 の証明］ 関数 f が $[a,b]$ で連続とすると，任意の $\varepsilon > 0$ と $x \in [a,b]$ に対して，$\delta_x > 0$ を十分小さく取れば，すべての $y \in (x-\delta_x, x+\delta_x)$ で $|f(x)-f(y)| < \frac{1}{2}\varepsilon$ とできます．ここで $[a,b] \subset \bigcup_{x\in[a,b]}(x - \frac{1}{3}\delta_x, x + \frac{1}{3}\delta_x)$ なので，ハイネ－ボレルの定理により，有限個の点 $\{x_j\}_{j=1}^N$ を選んで $[a,b] \subset \bigcup_{j=1}^N (x_j - \frac{1}{3}\delta_{x_j}, x_j + \frac{1}{3}\delta_{x_j})$ とできます．

一様連続性の定義を確かめるために $\delta = \frac{1}{3}\min_{1\leq j\leq N}\delta_{x_j}$ と定めます．このとき，$|x-y| < \delta$ となるどんな $x, y \in [a,b]$ を取っても，x はある $(x_j - \frac{1}{3}\delta_{x_j}, x_j + \frac{1}{3}\delta_{x_j})$ に入っていて，さらに

$$|x-y| < \delta \leq \frac{1}{3}\delta_{x_j}$$

に注意すると，y も $(x_j - \delta_{x_j}, x_j + \delta_{x_j})$ に入っていることがわかります．すると，δ_{x_j} の取り方から

$$|f(x) - f(y)| \leq |f(x) - f(x_j)| + |f(x_j) - f(y)| < \varepsilon$$

となって，上の δ が確かに一様連続性の要請を満たしていることがわかりました． □

$\frac{1}{2}, \frac{1}{3}$ のトリックに目がくらみますが，要点はハイネ－ボレルの定理によって無限個の δ_x から有限個の δ_{x_j} に落としたことです．これを有限被覆性といい，慣れれば非常に便利な性質です．

Column ハイネ－ボレルの定理の歴史

二つの定理の証明を見て，ハイネ－ボレルの定理の有効性が感じられたと思います．この定理にはちょっと面白い歴史があるので紹介します．実は，ハイネはこの定理を証明していません（明らかだと思っていたのでしょう）．この定理の内容を初

めて述べたのはディリクレ (Dirichlet) で，講義の中で触れたといわれています．証明は後になって，ボレルによって特殊な場合，ルベーグによって一般の場合に与えられました．

では，ハイネは何をしたのでしょう？　ハイネの貢献は，有限被覆性を使って「有界閉区間上の連続関数は一様連続」の証明ができると見抜いたことのようで，これをハイネの定理とよぶこともあります．これをボルツァーノ－ワイエルシュトラスの定理という別の定理を使って証明することもできますが，背理法になることもあり，明解ではありません．有限被覆性は実数から一般の空間に拡張でき，それは現代数学ではコンパクト性とよばれる非常に重要な概念です．このような概念の有用性を見出したという意味で，ハイネ－ボレルの定理という呼び方には妥当性があると思います．

B.2　置換積分公式再訪

置換積分公式（定理 6.3.5）には，その意味がわかりやすい別証明があります．前節で証明した「有界閉区間上の連続関数は有界で一様連続」（定理 B.1.1 と定理 B.1.2）の使い方の例にもなっているので，ここで紹介します．

示したい主張は以下のものです．

定理 B.2.1　f は区間 $[\alpha, \beta]$ で連続，φ は $[a, b]$ で微分可能で φ' も連続とする．さらに $\alpha = \varphi(a)$, $\beta = \varphi(b)$ とすると

$$\int_\alpha^\beta f(x)\mathrm{d}x = \int_a^b f(\varphi(t))\varphi'(t)\mathrm{d}t. \tag{B.1}$$

[証明]　簡単のため，$a = 0$, $b = 1$ とし，さらに φ は微分可能で φ' は連続かつ非負とします．また，式の見やすさのために $x_k = \frac{k}{n}$ $(0 \leq k \leq n)$ と書くことにします．このとき，命題 5.2.1 の (2) から φ は単調増加なので，

$$\alpha = \varphi(x_0) \leq \varphi(x_1) \leq \cdots \leq \varphi(x_{n-1}) \leq \varphi(x_n) = \beta$$

となっています．これを $[\alpha, \beta]$ の分割とみなすと，仮定より f は連続で，したがって定理 4.3.1 によりリーマン積分可能なので，

$$\lim_{n\to\infty}\sum_{k=1}^{n} f(\varphi(x_k))(\varphi(x_k)-\varphi(x_{k-1})) = \int_\alpha^\beta f(x)\mathrm{d}x \tag{B.2}$$

となりそうです．ただし，「分割を細かくする極限」になっていることは確かめないといけないので，

$$\max_{1\leq k\leq n}(\varphi(x_k)-\varphi(x_{k-1})) \to 0, \quad n\to\infty \tag{B.3}$$

を示す必要があります．これは技術的なことなので，後回しにします．

次に，この分割の k 番目の幅について $x_k = \frac{k}{n}$ だったことを思い出すと，微分の定義から，$n\to\infty$ において

$$\max_{1\leq k\leq n}|\varphi(x_k)-\varphi(x_{k-1})-\varphi'(x_k)(x_k-x_{k-1})| = o\left(\frac{1}{n}\right) \tag{B.4}$$

となることは自然に見えます．これが無条件では成り立たないことは，5.5 節で微積分学の基本定理 (2) の証明の直前に注意したとおりですが，これも技術的なことなので，証明は後回しにします．ともかくこの事実を認めると，f は定理 B.1.1 によって有界だったので，$M>0$ を十分大きく取ると $n\to\infty$ において

$$\begin{aligned}
&\left|\sum_{k=1}^{n} f(\varphi(x_k))(\varphi(x_k)-\varphi(x_{k-1})) - \sum_{k=1}^{n} f(\varphi(x_k))\varphi'(x_k)(x_k-x_{k-1})\right| \\
&\leq n\max_{1\leq k\leq n}|f(\varphi(x_k))||\varphi(x_k)-\varphi(x_{k-1})-\varphi'(x_k)(x_k-x_{k-1})| \\
&\leq Mn\max_{1\leq k\leq n}|\varphi(x_k)-\varphi(x_{k-1})-\varphi'(x_k)(x_k-x_{k-1})| \\
&\to 0
\end{aligned}$$

となって，左辺の二つの和は $n\to\infty$ において同じ極限をもちます．ここで式 (B.2)を思い出すと，これは

$$\lim_{n\to\infty}\sum_{k=1}^{n} f(\varphi(x_k))\varphi'(x_k)(x_k-x_{k-1}) = \int_\alpha^\beta f(x)\mathrm{d}x$$

を意味します．一方で $(f\circ\varphi)\varphi'$ も連続で，したがってリーマン積分可能なので，上に書いた式の左辺は $n\to\infty$ において

$$\lim_{n\to\infty}\sum_{k=1}^{n} f(\varphi(x_k))\varphi'(x_k)(x_k-x_{k-1}) = \int_0^1 f(\varphi(t))\varphi'(t)\mathrm{d}t$$

を満たすリーマン和になっていて，上の式と合わせて置換積分公式 (B.1)を得ます．

残された式 (B.3)と式 (B.4)の証明をしましょう．出発点は，微積分学の基本定理を使って

$$\varphi(x_k) - \varphi(x_{k-1}) = \int_{x_{k-1}}^{x_k} \varphi'(y)\mathrm{d}y \tag{B.5}$$

と書き直すことです．まず，定理 B.1.1 により φ' が区間 $[a, b]$ 上で有界であることに注意すると，十分大きな $M > 0$ に対して

$$\left|\int_{x_{k-1}}^{x_k} \varphi'(y)\mathrm{d}y\right| \leq \int_{x_{k-1}}^{x_k} M\,\mathrm{d}y \leq M(x_k - x_{k-1})$$

なので，$x_k - x_{k-1} = \frac{1}{n}$ を思い出せば，式 (B.3)がわかります．さらに，定理 B.1.2 を使うと φ' は一様連続なので，どんな小さな $\varepsilon > 0$ に対しても，$\delta > 0$ をそれに応じて小さく取れば，

$$|t - s| < \delta \text{ である限り } |\varphi'(t) - \varphi'(s)| < \varepsilon$$

とすることができます．そこで，n を大きく取って $x_k - x_{k-1} = \frac{1}{n} < \delta$ となるようにすると，式 (B.5)の積分変数 y と x_k の距離は δ より小さいので

$$\begin{aligned}
&\max_{1\leq k\leq n} |\varphi(x_k) - \varphi(x_{k-1}) - \varphi'(x_k)(x_k - x_{k-1})| \\
&= \max_{1\leq k\leq n} \left|\int_{x_{k-1}}^{x_k} (\varphi'(y) - \varphi'(x_k))\mathrm{d}y\right| \\
&\leq \max_{1\leq k\leq n} \int_{x_{k-1}}^{x_k} \varepsilon\,\mathrm{d}y \\
&= \frac{\varepsilon}{n}
\end{aligned}$$

となります．これは左辺が $o(\frac{1}{n})$ であることを意味するので，すべての証明が終わりました． □

上で問題にした式 (B.4)は，微積分学の基本定理 (2) の証明で出会ったのと同じ問題です．上の証明はその定理を使って「微分可能で導関数が連続なら“一様微分可能”」を示したことになっています．なお式 (B.4)にあたる問題を，微積分学の基本定理を使わずに，ハイネ–ボレルの定理を使っても解決することができます．この方法は，多変数関数の微積分の一つの山場である「重積分の変数変換公式」の証明

につながるので，上の証明をハイネ–ボレルの定理を使った証明に書き直してみることは役に立つと思います[†1].

B.3 中間値の定理

この節では中間値の定理を思い出して，証明を与えます．これは，この後に逆関数の微分公式の証明に使うほか，付録Cで三角関数と指数関数の定義を見直すときにも何度か使います．主張は高校の数学で学んだとおりです．

> **定理 B.3.1**（中間値の定理） 関数 f が区間 $[a, b]$ 上で連続ならば，$f(a)$ と $f(b)$ の間にあるすべての y に対して，$y = f(c)$ となる $c \in [a, b]$ が存在する．

これは，連続関数のグラフはつながっているという描像を根拠に説明されていたと思いますが，少し怪しいところがあります．例3.1.3の定規関数（図3.2）が $x = 0.111\cdots$ で連続だったことを思い出しましょう．この関数のグラフは，$x = 0.111\cdots$ で「つながっている」といえるのでしょうか？ 「つながっている」かどうかは現時点では感覚的な概念なので，答えは人によると思いますが，この関数のグラフはちょうど定規の目盛りのようになっているので，中間値の定理の成立に必要な「つながり方」はしていないように思われます．もちろん，この関数は有限小数で表せる点では不連続だったので，中間値の定理の仮定は満たしていません．しかし，連続であることと「グラフがつながっている」ことが，そんなに単純に対応させられるものではないことは納得できると思います．以下では，「つながり」という概念を使わずにこの定理を証明します．

[定理 B.3.1 の証明] $f(a) < y < f(b)$ と仮定して（不等号が逆のときも議論は同じです），a と b の中点 $\frac{a+b}{2}$ において

$$f\left(\tfrac{a+b}{2}\right) \leq y \text{ ならば } \underline{x}_1 = \tfrac{a+b}{2},\ \overline{x}_1 = b,$$
$$f\left(\tfrac{a+b}{2}\right) > y \text{ ならば } \underline{x}_1 = a,\ \overline{x}_1 = \tfrac{a+b}{2}$$

と定めます．この操作を $[\underline{x}_1, \overline{x}_1]$ を新しい区間と思って繰り返すと，$(\underline{x}_n)_{n\in\mathbb{N}}$ と $(\overline{x}_n)_{n\in\mathbb{N}}$ が得られて，すべての $n \in \mathbb{N}$ で

[†1] もっとも，「重積分の変数変換公式」の証明は大変で，講義はもとより，本でもすべての詳細を述べることはほとんどないのですが．

$$f(\underline{x}_n) \leq y \leq f(\overline{x}_n) \tag{B.6}$$

となっています．

これらの数列の作り方から $|\underline{x}_N - \overline{x}_N| = 2^{-N}(b-a)$ であり，さらにすべての $n \geq N$ に対して $\underline{x}_n$ は区間 $[\underline{x}_N, \overline{x}_N]$ に含まれています．すると $(\underline{x}_n)_{n\in\mathbb{N}}$ はコーシー列であることがわかるので，定理 2.6.2 によりある実数 c に収束します．また，$(\overline{x}_n)_{n\in\mathbb{N}}$ も（$\underline{x}_n$ との差が 0 に収束するので）同じ c に収束します．このことと f の連続性から，式 (B.6)において $n \to \infty$ としてはさみうちの原理（定理 2.3.2）を使えば $f(c) = y$ が従います．

最後に，c が区間 $[a, b]$ に含まれることは，ハイネ－ボレルの定理の証明の最後の部分と同じ議論でわかるので，ここでは省略します．□

上の証明で使った $(\underline{x}_n)_{n\in\mathbb{N}}$ は単調増加，$(\overline{x}_n)_{n\in\mathbb{N}}$ は単調減少で，さらにどちらも $[a, b]$ 内にあることから有界なので，「有界な単調列は収束する」という事実（定理 2.4.1）を使って $n \to \infty$ で収束することを保証する方法もあります．しかし多変数関数で関連する議論をするときには，コーシー列の収束性を使うほうが汎用性が高いので，ここでは定理 2.6.2 を使いました．

Column　「つながっている」とは？

中間値の定理は，グラフのつながりという概念を避けて証明できました．一方で，高校の数学では関数の連続性はグラフが「切れ目のない曲線」になっていることとされていたので，これを奇異に感じる人もいるかもしれません．ここでは，「つながり」と「連続」の関係について，現代的な視点を紹介しておきます．

現代数学では集合に切れ目がなくひとつながりであることを「連結」といい，それは交わらない二つの領域で分離できないことを指します（いろいろ未定義語が出てきていますが，感覚的な理解でかまいません）．しかし，「グラフが連結である」ことは連続関数の特徴付けにはなりません．たとえば，

$$f(x) = \begin{cases} \sin\dfrac{1}{x}, & x \neq 0, \\ 0, & x = 0 \end{cases}$$

という関数は $x = 0$ で不連続ですが，そのグラフは連結になることがわかります．連結性が不安なのは原点 $(0, 0)$ だけですが，その周りにどんな小さな円を描いてもグラフのほかの部分と交わってしまい，分離できないからです．一方で中間値の定理を使うと，連続関数のグラフは連結であることが証明できます．つまり，連続関

数のグラフがつながっているから中間値の定理が成り立つのではなく，中間値の定理が成り立つから連続関数のグラフがつながっていると捉えるべきなのです．

B.4 逆関数の微分定理の証明

この節では逆関数の微分定理（定理 6.3.3）の証明をします．この定理については，微積分の本でも不親切な証明が書かれている場合があるので，それを指摘しつつ証明をします．まず，よくある定理の述べ方は以下のようなものです．

定理 B.4.1 関数 f は $[a, b]$ で狭義単調増加（または狭義単調減少）であり，点 $x \in (a, b)$ において微分可能かつ $f'(x) \neq 0$ とする．このとき，逆関数 f^{-1} が存在して点 $f(x)$ において微分可能であり，

$$(f^{-1})'(f(x)) = \frac{1}{f'(x)}$$

が成り立つ．

逆関数が存在することと，それが微分可能であることが定理の主張の一部になっている点が，高校の数学で学んだことから変わっている点です．まず，少数ですが，このように主張が変わっているのに，高校の数学の教科書と同じように逆関数の存在と微分可能性を仮定したような証明を書いている本があります．それは結論を仮定しているので論外です．また，不親切な証明というのは，たとえば以下のようなものです（すべての問題点を明らかにするために，やや極端な例を書いています）．逆関数の存在はどうにか証明したとして，「$y = f(x)$, $y + h = f(x + \delta)$ とすると

$$\begin{aligned}\frac{f^{-1}(y+h) - f^{-1}(y)}{h} &= \frac{f^{-1}(f(x+\delta)) - f^{-1}(f(x))}{f(x+\delta) - f(x)} \\ &= \frac{(x+\delta) - x}{f(x+\delta) - f(x)}\end{aligned}$$

と書き換えられて，$h \to 0$ のとき $\delta \to 0$ だからこれは $\frac{1}{f'(x)}$ に収束する」．

この議論の問題点を理解するために，極限と微分の定義に立ち戻って証明すべきことを書き直してみましょう．関数 f^{-1} が点 $y = f(x)$ において微分可能で微分が $\frac{1}{f'(x)}$ であるとは，「どんなに小さな $\varepsilon > 0$ に対しても，$\delta > 0$ をそれに応じて十分小さく取れば，すべての $h \in (-\delta, \delta)$, $h \neq 0$ に対して

$$\left|\frac{f^{-1}(y+h)-f^{-1}(y)}{h}-\frac{1}{f'(x)}\right|<\varepsilon$$

とできること」でした．最初に注意すべきことは，これを証明するためには「すべての $h\in(-\delta,\delta)$, $h\neq 0$ に対して $f^{-1}(x+h)$ が定義されている必要がある」ということです．逆三角関数を考えたときに定義域が制限されたことを思い出すと，これは無条件で保証されることではありません．次に，「$h\to 0$ のとき $\delta\to 0$」にも疑問があります．これは「$y+h=f(x+\delta)$」としていたことを思い出すと，「関数の値が近ければ変数も近い」といっていることになりますが，たとえば x^2 の値が 1 に近いからといって x が 1 に近いとはいえないように，これも無条件で成立することではありません．これらの問題がどう解決されるかを説明しなければ，少なくとも不親切といわざるを得ないでしょう．

最初の問題は，f^{-1} が $y=f(x)$ を内部に含む区間で定義されていればよいので，逆関数の定義域を明らかにすれば解決します．次の問題は，y と x の関係を $f^{-1}(y+h)=x+\delta$ と書いてみると，逆関数が連続であればよいことがわかります．以下ではこれらの点を明らかにしながら，逆関数の微分定理の証明をします．逆関数の定義域は定理の主張に含めたほうが自然なので，そう書き直しておきます．

定理 B.4.2（逆関数の微分定理）　関数 f は $[a,b]$ で狭義単調増加（または狭義単調減少）であり，点 $x\in(a,b)$ において微分可能かつ $f'(x)\neq 0$ とする．このとき $f\colon[a,b]\to[f(a),f(b)]$ は全単射であり，さらに逆関数 $f^{-1}\colon[f(a),f(b)]\to[a,b]$ は点 $f(x)\in(f(a),f(b))$ において微分可能で，

$$(f^{-1})'(f(x))=\frac{1}{f'(x)}$$

が成り立つ．

MEMO　実際には「f は (a,b) 全体で微分可能かつ $f'>0$」のようになっていることが多く，そのとき f が狭義単調増加であることは命題 5.2.1 の帰結としてわかります．本書の 6.3 節では，この形で述べました．またこのとき，上の定理と命題 5.2.1 から，f^{-1} も単調増加であることがわかります．

定理 B.4.2 の前に述べたことから，次の補題が重要であることがわかります．これの証明に，中間値の定理（定理 B.3.1）を使います．

補題 B.4.3 f は区間 $[a,b]$ で狭義単調増加（または減少）かつ連続なら $[f(a),f(b)]$ への全単射であり，したがって逆関数 f^{-1} が存在する．さらに，f^{-1} は区間 $[f(a),f(b)]$ 上で連続である．

[証明] まず，f が単射であることは狭義単調であることからわかります．実際，$x \neq y$ ならば $x < y$ または $x > y$ であり，それに応じて $f(x) < f(y)$ または $f(x) > f(y)$ となるので，いずれにせよ $f(x) \neq f(y)$ です．次に，f が全射であることは中間値の定理そのものです．

残りの f^{-1} の連続性を証明するために，$c \in [a,b]$ を取って $d = f(c)$ とおきます．任意の $\varepsilon > 0$ に対して f の単調性から

$$f(c-\varepsilon) < d = f(c) < f(c+\varepsilon)$$

であることに注意して，$\delta > 0$ を $(d-\delta, d+\delta) \subset (f(c-\varepsilon), f(c+\varepsilon))$ となるように小さく取ります．このとき，すべての $y \in (d-\delta, d+\delta)$ に対して，$c-\varepsilon \leq f^{-1}(y) \leq c+\varepsilon$ であることがわかります．実際，$f^{-1}(y) < c-\varepsilon$ とすると，f の単調性から $d < f(c-\varepsilon)$ となって

$$y \in (d-\delta, d+\delta) \subset (f(c-\varepsilon), f(c+\varepsilon))$$

に矛盾します．$f^{-1}(y) > c+\varepsilon$ の場合も同様です．これで f^{-1} の連続性が証明されました． □

[定理 B.4.2 の証明] 全単射性と逆関数の存在は補題 B.4.3 で確認済みなので，微分に関する主張を証明しましょう．記号の簡略化のために $y = f(x)$ とおきます．証明すべきことは

$$\lim_{h \to 0} \frac{f^{-1}(y+h) - f^{-1}(y)}{h} = \frac{1}{f'(x)} \tag{B.7}$$

です．ここで極限の定義 3.4.1 を思い出すと，この式が意味をもつためには，$\delta > 0$ が十分小さいときには，$f^{-1}(y+h)$ がすべての $h \in (-\delta, \delta)$ に対して定まっていることが必要です．それを補題 B.4.3 が保証しています．左辺の分母の h を

$$h = (y+h) - y = f(f^{-1}(y+h)) - f(f^{-1}(y))$$

と書き換えると，差分商は

$$\frac{f^{-1}(y+h)-f^{-1}(y)}{h}=\left(\frac{f(f^{-1}(y+h))-f(f^{-1}(y))}{f^{-1}(y+h)-f^{-1}(y)}\right)^{-1}$$

と書けます．ここで補題 B.4.3 から f^{-1} は連続なので，$\lim_{h\to 0}(f^{-1}(y+h)-f^{-1}(y))=0$ であることと，f が $x=f^{-1}(y)$ で微分可能だったことを使うと，

$$\lim_{h\to 0}\frac{f(f^{-1}(y+h))-f(f^{-1}(y))}{f^{-1}(y+h)-f^{-1}(y)}=f'(x)$$

が得られます．後は，商の極限の性質（定理 3.4.5 の (3)）を思い出せば，式 (B.7)が従います． □

付録 **C**

三角関数と指数関数の定義

初等関数のうち，指数関数と三角関数の定義には少し難しいところがあります．それが理由で，これらの関数の微分を求めたときには，式 (7.2), (7.3)といった事実を証明なしに認めて使いました．この付録では三角関数と指数関数の定義を与えて，これらの事実の証明をします．

C.1 三角関数の定義と性質

三角関数は角度の関数で，角度は，弧度法でとくに明確なように，円弧の長さです．そうすると，円弧の長さが定義されていないと変数が意味をもっていないわけですが，本書では第 9 章で円弧の長さの存在は証明してあるので，そこは問題ありません．この節では三角関数の定義を見直して，式 (7.2)の証明を与えます．

単位円 $x^2+y^2=1$ 上で，点 $(1,0)$ から反時計回りに測った円弧の長さが角度です．第一象限に (x,y) があるとき，点 $(1,0)$ からそこまでの円弧の長さ $L(y)$ は，9.3 節で見たように

$$L(y)=\int_0^y\sqrt{\frac{1}{1-t^2}}\,\mathrm{d}t \tag{C.1}$$

と表されます．これは，$y=1$ のときは広義積分ですが，その収束も証明してありました．さて，式 (C.1)に微積分学の基本定理を使うと

$$L'(y)=\sqrt{\frac{1}{1-y^2}} \tag{C.2}$$

が得られるので $L(y)$ は連続で，さらに導関数が正なので狭義単調増加であることがわかります（命題 5.2.1 の (2)）．したがって補題 B.4.3 により，区間 $[0,L(1)]$ 上で L の逆関数が存在して連続です．言い換えると，円弧の長さ θ を決めると，対応

する y が（$L^{-1}(\theta)$ として）ただ一つ決まるということです．これは，ちょうど高校の数学の教科書での $\sin\theta$ の定義になっています．ただし，ここでは円弧の長さや逆関数の存在などを一つずつ確認して進めたので，そういう関数が存在するということの証明まで含めてできたというわけです．

ほかの三角関数については，まず $\cos\theta$ は，$(1,0)$ からの円弧の長さが θ である円周上の点の x 座標なので，$\sqrt{1-\sin^2\theta}$ と定めます．また $\tan\theta$ は，原点とその点を通る直線の傾きなので，$\cos\theta \neq 0$ のときに限って $\frac{\sin\theta}{\cos\theta}$ と定めます．ほかの象限に定義を拡張するのは，円が座標軸に関する折り返しで対称であることを使えばできます．さらに，$\theta < 0$ は円周を時計回りに長さ $|\theta|$ だけ進むことと解釈し，$|\theta| > 2\pi$ のときは周期的に拡張することにより，sin と cos は $\mathbb{R}$ 全体で定義され，tan は $\mathbb{R}$ から $\{(n+\frac{1}{2})\pi\}_{n\in\mathbb{Z}}$ を除いた部分で定義されます．

MEMO　上の構成を見直すと L は逆三角関数 arcsin になっていて，微分を見ても式 (C.2)は 7.2 節で計算した arcsin の微分と一致しています．

次に，三角関数の微分をするときに認めて使った式 (7.2)の証明をしましょう．

［式 (7.2) の証明］　$\theta \to 0$ の極限が問題なので，θ は $(1,0)$ から $(0,1)$ までの弧の長さよりは小さいとします．このとき図 C.1 のように，弧の長さが θ の扇形に対して，$(0,0)$, $(1,0)$, $(\cos\theta,\sin\theta)$ を頂点とする三角形が中にあり，$(0,0)$, $(1,0)$, $(1,\frac{\sin\theta}{\cos\theta})$ を頂点とする三角形は外にあるので，面積を比較することができます．

まず，中にある三角形の面積は，底辺が 1 で高さが $\sin\theta$ なので $\frac{1}{2}\sin\theta$ です．次に，外にある三角形の面積は，底辺が 1 で高さが $\frac{\sin\theta}{\cos\theta}$ なので $\frac{1}{2}\frac{\sin\theta}{\cos\theta}$ です．最後

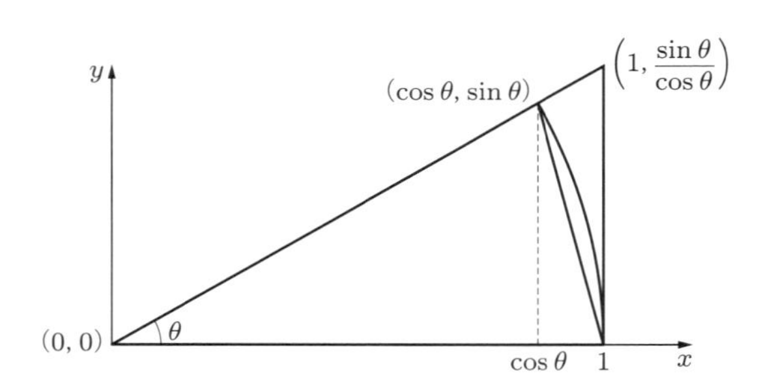

図 C.1　弧の長さが θ の扇形と，それに関わる点の座標．右上の点の座標は，$(0,0)$, $(\cos\theta,0)$, $(\cos\theta,\sin\theta)$ を頂点とする三角形との相似を用いて求めることができる．

に，半径 1 の扇形の面積が弧の長さの半分であることを示します[†1]．点 $(1,0)$ から $(\cos\theta, \sin\theta) = (x, \sqrt{1-x^2})$ までの弧の長さは，系 9.2.2 を使うと，式 (C.1)と同様に

$$\int_x^1 \sqrt{\frac{1}{1-t^2}}\,\mathrm{d}t$$

となります．一方で面積は，図 C.1 において $(\cos\theta, \sin\theta)$ から x 軸に下ろした垂線で左右に分けて，右側には定理 9.5.1 を用いると，

$$\frac{1}{2}x\sqrt{1-x^2} + \int_x^1 \sqrt{1-t^2}\,\mathrm{d}t \tag{C.3}$$

です．この第 2 項は部分積分を使うと，

$$\begin{aligned}\int_x^1 \sqrt{1-t^2}\,\mathrm{d}t &= \Big[t\sqrt{1-t^2}\Big]_x^1 + \int_x^1 t\frac{t}{\sqrt{1-t^2}}\,\mathrm{d}t \\ &= -x\sqrt{1-x^2} - \int_x^1 \frac{1-t^2}{\sqrt{1-t^2}}\,\mathrm{d}t + \int_x^1 \frac{1}{\sqrt{1-t^2}}\,\mathrm{d}t \\ &= -x\sqrt{1-x^2} - \int_x^1 \sqrt{1-t^2}\,\mathrm{d}t + \int_x^1 \frac{1}{\sqrt{1-t^2}}\,\mathrm{d}t\end{aligned}$$

と変形できます．これを整理すると

$$\int_x^1 \sqrt{1-t^2}\,\mathrm{d}t = -\frac{1}{2}x\sqrt{1-x^2} + \frac{1}{2}\int_x^1 \frac{1}{\sqrt{1-t^2}}\,\mathrm{d}t$$

が得られるので，式 (C.3)に代入すれば

$$\frac{1}{2}x\sqrt{1-x^2} + \int_x^1 \sqrt{1-t^2}\,\mathrm{d}t = \frac{1}{2}\int_x^1 \frac{1}{\sqrt{1-t^2}}\,\mathrm{d}t$$

となって，確かに扇形の面積は弧の長さの半分になっています．

さて，9.5 節で指摘した面積の包含関係に関する単調性 (9.7)を使って，「初めに求めた三角形の面積」と「いま求めた扇形の面積 $\frac{1}{2}\theta$」を比較すると，不等式

$$\frac{1}{2}\sin\theta \leq \frac{1}{2}\theta \leq \frac{1}{2}\frac{\sin\theta}{\cos\theta} \tag{C.4}$$

が得られます．このことから，とくに以下の単純な結果が導けます．

[†1]「小学校で習ったよ」と思うかもしれませんが，そこで聞いたのは説明であって証明ではありません．一方で，直前に使った三角形の面積の公式は，小学校で習ったことが証明になっています．

補題 C.1.1　$\lim_{\theta\to 0}\sin\theta = 0$, $\lim_{\theta\to 0}\cos\theta = 1$.

[証明]　式 (C.4)は $\theta > 0$ のときに成り立つ不等式ですが，$\theta < 0$ のときも対称性から上と同様に $|\sin\theta| \leq |\theta|$ がわかるので，結局 θ の正負に関係なく

$$-|\theta| \leq \sin\theta \leq |\theta|$$

が成り立ちます．これと，はさみうちの原理によって $\lim_{\theta\to 0}\sin\theta = 0$ が従います．さらに，θ が小さいときには $\cos\theta = \sqrt{1-\sin^2\theta}$ であることと命題 C.2.4 も用いると，二つ目の主張 $\lim_{\theta\to 0}\cos\theta = 1$ がわかります．□

ここまで準備して，ようやく式 (7.2)の証明ができます．まず $\theta > 0$ に対しては，式 (C.4)を

$$\theta\cos\theta \leq \sin\theta \leq \theta$$

と変形しておきます．次に $\theta < 0$ に対しては，式 (C.4)と同じ面積比較ができますが，すべて負の数になるので

$$\theta\cos\theta \geq \sin\theta \geq \theta \tag{C.5}$$

となります．これらを $\frac{1}{\theta}$ 倍すると（$\theta < 0$ のときには不等号の向きが変わることに注意して），θ の正負に関わらず

$$\cos\theta \leq \frac{\sin\theta}{\theta} \leq 1$$

となって，補題 C.1.1 とはさみうちの原理から $\lim_{\theta\to 0}\frac{\sin\theta}{\theta} = 1$ がわかります．□

最後に，逆三角関数の存在を保証しておきましょう．上で式 (7.2)を証明したので，三角関数の微分公式が使えるようになりました．すると，たとえば $\sin'\theta = \cos\theta$ ですが，これは $\theta \in (-\frac{\pi}{2}, \frac{\pi}{2})$ では正であることがわかります．実際，$\frac{\pi}{2}$ が円周の第一象限にある部分の長さになるように π を定義していたので，$\theta \in (-\frac{\pi}{2}, \frac{\pi}{2})$ は第一象限と第四象限を見ていることを意味し，この範囲で x 座標にあたる $\cos\theta$ は正です．これにより逆関数の微分定理が適用できて，区間 $[-\frac{\pi}{2}, \frac{\pi}{2}]$ で定義された sin の逆関数 arcsin が存在することが保証されます．残りの arccos と arctan についても同様に，定義したい区間で cos と tan を微分して単調性を確かめることにより，存在が保証されます．

C.2　指数関数の定義と性質

指数関数の定義の出発点として，正の実数 $a>0$ の冪乗の概念から復習しましょう．まず非負の整数 n に対しては，a^n は 1 に a を n 回繰り返しかけたものとします．次に $a^{1/n}$ は，いわゆる指数法則が成り立つことを要請すると

$$\left(a^{1/n}\right)^n = a^{1/n\times n} = a$$

となるので，n 乗すると a になる数，つまり a の n 乗根になります．そういう数が存在するのかどうかは議論の必要なことですが，例 A.1.1 で平方根の存在を証明したのと同じ方法で確かめられます．もう一度指数法則を使うと，

$$a^{m/n} = \left(a^{1/n}\right)^m$$

によって，a の正の有理数乗が定まります．負の有理数乗は，再び指数法則を要請すると

$$a^{m/n}a^{-m/n} = a^{m/n-m/n} = a^0 = 1$$

なので，$a^{m/n}$ の逆数です．

そうすると，一般の実数 x に対する a^x は x を有理数で近似して定めようとするのが自然な考え方で，高校の数学の教科書ではそういう説明がされています．より正確には，多くの有理数 q に対して a^q を計算してグラフに描くと，切れ目のない曲線に近づいていくように見えるので，その曲線の x での y 座標を使って a^x を定義するということです．図 C.2 に，2^x の値を 0.1 間隔でプロットしたグラフを描いて

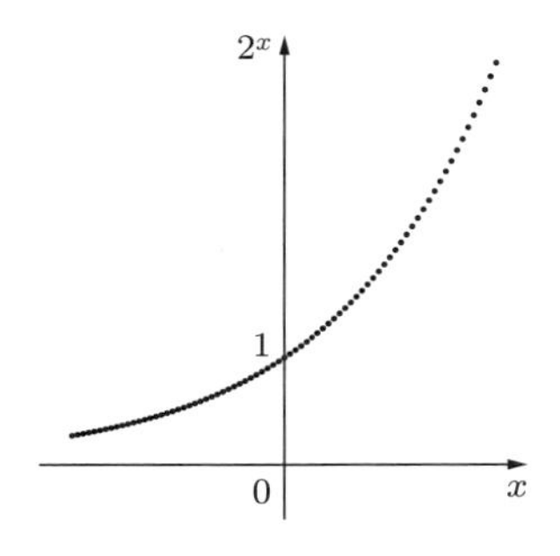

図 C.2　2^x を，x の値を 0.1 間隔に取って描いたグラフ．

おきました．

しかし「ように見える」では説明にはなっても，証明にはなりません．まずこの説明を証明可能な文章に定式化すると，次の命題になります（以下，しばらく $a > 1$ に限って議論し，$a < 1$ の場合は後で別に扱います）．

命題 C.2.1　$a > 1$ とする．

(1) $x \in \mathbb{R}$ に対して，$(x_n)_{n\in\mathbb{N}}$ を「x の十進数展開の小数第 n 位以下を切り捨ててできる数列」とすると，a^{x_n} は $n \to \infty$ で収束する．

(2) その極限を a^x と定めると，それは x の関数として連続である．

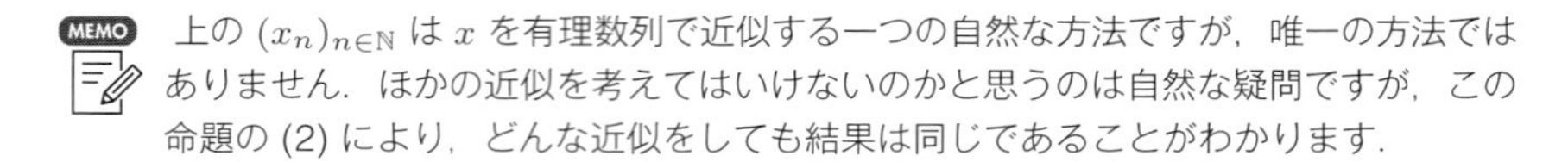

MEMO　上の $(x_n)_{n\in\mathbb{N}}$ は x を有理数列で近似する一つの自然な方法ですが，唯一の方法ではありません．ほかの近似を考えてはいけないのかと思うのは自然な疑問ですが，この命題の (2) により，どんな近似をしても結果は同じであることがわかります．

そこで，この命題を証明することにしましょう．そのために次の補題を準備します．

補題 C.2.2　$a > 1$ とする．

(1) 有理数 $p < q$ に対して，$a^p < a^q$ である．

(2) 任意の $\varepsilon > 0$ に対して，$M \in \mathbb{N}$ を十分大きく取れば，すべての有理数 $q \in (-\frac{1}{M}, \frac{1}{M})$ に対して $|a^q - 1| < \varepsilon$ とできる．

[証明]　(1) まず，$n \in \mathbb{N}$ に対して $(a^{1/n})^n = a > 1$ であることから，$a^{1/n} > 1$ でなければならないことがわかります．これを $m \in \mathbb{N}$ 乗しても $a^{m/n} > 1$ が成り立ち，これと指数法則から，有理数 $p < q$ に対して

$$a^q = a^{(q-p)}a^p > a^p$$

が従います．

(2) どんな小さな $\varepsilon > 0$ を取っても，二項定理から

$$(1+\varepsilon)^M = \sum_{k=0}^{M} \binom{M}{k} \varepsilon^k > 1 + M\varepsilon$$

なので，$M \in \mathbb{N}$ を十分大きく取れば $(1+\varepsilon)^M > a$ となります．これは両辺を $\frac{1}{M}$ 乗することで

$$1 + \varepsilon > a^{1/M}$$

を意味します[†2]．また，この両辺の逆数を取って $\frac{1}{1+\varepsilon} > 1-\varepsilon$ に注意すると

$$1-\varepsilon < \frac{1}{1+\varepsilon} < a^{-1/M}$$

となります．これら二つの評価と (1) で示したことを使うと，すべての有理数 $q \in (-\frac{1}{M}, \frac{1}{M})$ に対して

$$1-\varepsilon < a^{-1/M} < a^q < a^{1/M} < 1+\varepsilon \tag{C.6}$$

が得られます． □

［命題 C.2.1 の証明］ まず，(1) は極限として a^x を作れるという主張なので，$(a^{x_n})_{n\in\mathbb{N}}$ がコーシー列であることを示すのが自然です．指数法則から，すべての $m, n \in \mathbb{N}$ に対して

$$|a^{x_m} - a^{x_n}| = a^{x_n}|a^{x_m - x_n} - 1| \tag{C.7}$$

が成り立ちます．いま x_n の定義から，すべての $n \geq N$ に対して $|x_n - x| < 1$ です．これから

$$x_n < |x| + 1 < |x_1| + 2$$

がわかるので，式 (C.7) と補題 C.2.2 の (1) から

$$|a^{x_m} - a^{x_n}| \leq a^{|x_1|+2}|a^{x_m - x_n} - 1| \tag{C.8}$$

となります[†3]．さらに $\lim_{n\to\infty} x_n = x$ であることを使うと，任意の $M \in \mathbb{N}$ に対して $N \in \mathbb{N}$ を十分大きく取れば，すべての $n \geq N$ に対して $|x_n - x| < \frac{1}{2M}$ とできるので，$m, n \geq N$ に対して

$$|x_m - x_n| \leq |x_m - x| + |x - x_n| < \frac{1}{M}$$

です．これと補題 C.2.2 の (2) を組み合わせると，任意の $\varepsilon > 0$ に対して $N \in \mathbb{N}$ を十分大きく取ることで，すべての $m, n \geq N$ に対して $|a^{x_m - x_n} - 1| < \frac{\varepsilon}{a^{|x_1|+2}}$ とできるので，式 (C.8)に戻れば

[†2] ここで，$x^{1/M}$ が x の関数として単調増加であることを使っています．これは，定理 B.4.2 の直後の注意に書いたことと，x^M が単調増加であることからわかります．

[†3] 右辺の最初の因子は $a^{|x|+1}$ でよいのではないかと思うかもしれませんが，$|x|$ が有理数でないので $a^{|x|+1}$ はまだ定義されていません．有理数にするために $|x_1| + 2$ にしたわけです．

$$\text{すべての } m, n \geq N \text{ に対して } |a^{x_m} - a^{x_n}| \leq a^{|x_1|+2}|a^{x_m - x_n} - 1| < \varepsilon$$

となって，$(a^{x_n})_{n\in\mathbb{N}}$ がコーシー列であることが確かめられました．定理 2.6.2 によりコーシー列は収束するので，$(a^{x_n})_{n\in\mathbb{N}}$ は収束します．

次に (2) を示すために，$\varepsilon > 0$ と $x \in \mathbb{R}$ を任意に取ります．ここでも $(x_n)_{n\in\mathbb{N}}$ を，「x の十進数展開の小数第 n 位以下を切り捨ててできる数列」とします．補題 C.2.2 により，$M \in \mathbb{N}$ を十分大きく取れば，

$$\text{すべての有理数 } q \in \left(-\frac{1}{M}, \frac{1}{M}\right) \text{ に対して } |a^q - 1| < \frac{\varepsilon}{3a^{|x_1|+2}} \tag{C.9}$$

が成り立つようにできます．このとき，$|x - y| < \frac{1}{2M}$ を満たす実数 y に対して，$(y_n)_{n\in\mathbb{N}}$ を $(x_n)_{n\in\mathbb{N}}$ と同様に定めると，$|a^{x_n} - a^x| < \frac{\varepsilon}{3}$，$|a^{y_n} - a^y| < \frac{\varepsilon}{3}$ かつ $|x_n - y_n| < \frac{1}{M}$ となる $n \in \mathbb{N}$ を取ることができて，

$$\begin{aligned} |a^x - a^y| &\leq |a^x - a^{x_n}| + |a^{x_n} - a^{y_n}| + |a^{y_n} - a^y| \\ &\leq \frac{2}{3}\varepsilon + a^{y_n}|a^{x_n - y_n} - 1| \end{aligned}$$

となります．さらに，補題 C.2.2 により

$$e^{y_n} \leq e^{|x_n| + 1/M} \leq e^{|x_1|+2}$$

であることを思い出して，$|x_n - y_n| < \frac{1}{M}$ と式 (C.9) を合わせれば $a^{y_n}|a^{x_n - y_n} - 1| < \frac{\varepsilon}{3}$ もわかるので，$|x - y| < \frac{1}{2M}$ を満たす実数 y に対しては $|a^x - a^y| < \varepsilon$ であることが示されました．　□

ここまでで，$a > 1$ を底とする指数関数の存在と連続性が示せました．指数関数がもっているべきほかの性質も確かめておきましょう．指数法則については，変数が有理数のときには最初に仮定として要請しましたが，それがすべての実変数に拡張されます．

命題 C.2.3　$a > 1$ とする．

(1) 任意の $x, y \in \mathbb{R}$ に対して $a^{x+y} = a^x a^y$ である．

(2) 任意の $x, y \in \mathbb{R}$ に対して $a^{xy} = (a^x)^y$ である．

(3) 関数 $x \mapsto a^x$ は狭義単調増加である．

(4) 任意の $x \in \mathbb{R}$ に対して $a^x > 0$ である．

[証明] この証明では，「$x, y \in \mathbb{R}$ の十進数展開の小数第 n 位以下を切り捨ててできる数列」を $(x_n)_{n\in\mathbb{N}}, (y_n)_{n\in\mathbb{N}}$ とします．

(1) x_n, y_n は有理数で，有理数冪に対しては指数法則の成立を要請していたので，

$$a^{x_n+y_n} = a^{x_n}a^{y_n}$$

が成り立ちます．ここで右辺は，命題 C.2.1 の (1) と極限の性質（定理 2.3.1 の (2)）から，$n \to \infty$ において $a^x a^y$ に収束します．一方で左辺は，$x_n + y_n \to x + y$ $(n \to \infty)$ なので，命題 C.2.1 により a^{x+y} に収束します．

(2) x_n, y_n は有理数で，有理数冪に対しては指数法則の成立を要請していたので，

$$a^{x_m y_n} = (a^{x_m})^{y_n}$$

が成り立ちます．後は $m \to \infty$ としてから $n \to \infty$ として，それぞれの極限で命題 C.2.1 を使えば，左辺は a^{xy} に，右辺は $(a^x)^y$ に，それぞれ収束します．

(3) 二つの実数 $x < y$ に対して，有理数の列 $(x'_n)_{n\in\mathbb{N}}, (y'_n)_{n\in\mathbb{N}}$ を

$$(x'_n)_{n\in\mathbb{N}} \text{ は単調減少であり，} x'_n \to x\ (n \to \infty),$$
$$(y'_n)_{n\in\mathbb{N}} \text{ は単調増加であり，} y'_n \to y\ (n \to \infty)$$

となるように取ることができます．このとき，n が十分大きければ $x'_n < y'_n$ であることがわかります[†4]．さらに $(x'_n)_{n\in\mathbb{N}}, (y'_n)_{n\in\mathbb{N}}$ は有理数の列なので，命題 C.2.2 により，$a^{x'_n}, a^{y'_n}$ はそれぞれ単調減少，単調増加しつつ a^x, a^y に収束します．これらを合わせると，

$$a^x \le a^{x'_n} < a^{y'_n} \le a^y$$

となります．

(4) 任意の $x \in \mathbb{R}$ に対して，M を $|x|$ の整数部分より 1 大きい自然数とすると，$x > -M$ です．これとすでに示した (3) により，$a^x > a^{-M} > 0$ であることがわかります． □

残されていた $a < 1$ の場合にも，同じ手続きで指数関数の定義と性質が拡張できます．このときは，命題 C.2.1 の (1) の不等号は逆になり，命題 C.2.3 の (3) は狭義単調減少に変わります．しかし，それ以外の証明はまったく同じようにできて，

[†4] 定義に基づいて証明したければ，定義 2.2.2 で $\varepsilon = \frac{y-x}{2}$ とすればできます．

$a < 1$ に対しても指数関数 a^x が定まり，命題 C.2.3 も (3) が狭義単調減少に変わるだけで，そのまま成立します．

さて，指数関数が定義できて連続性と単調性がわかったので，補題 B.4.3 により，その逆関数である対数関数も存在することがわかります．また，特別な場合として $a^{\sqrt{2}}$ や a^{π} も定義できていることになり，ここで a を変数だと思うと，冪乗の関数が有理数以外の冪に拡張されたことになっています．この関数についても，連続性や単調性がわかります．

命題 C.2.4　任意の実数 $p \in \mathbb{R}$ に対して，正の実数 $x \in (0, \infty)$ を p 乗する関数 $x \mapsto x^p$ は連続である．また，$p > 0$ なら単調増加，$p < 0$ なら単調減少である．

[証明]　まず $p = 0$ のときは，恒等的に $x^p = 1$ なので連続です．次に $p > 0$ と仮定して，整数 m を $m \leq p < m + 1$ となるものとします．すると指数関数の単調性から $h > 0$ のときは

$$x^p \leq (x+h)^p = x^p \left(1 + \frac{h}{x}\right)^p - 1 \leq x^p \left(1 + \frac{h}{x}\right)^{m+1}$$

$h < 0$ のときは

$$x^p \geq (x+h)^p = x^p \left(1 + \frac{h}{x}\right)^p \geq x^p \left(1 + \frac{h}{x}\right)^{-m}$$

となり，これらの右辺は二項定理で展開することで $h \to 0$ において x^p に収束することがわかります．したがってはさみうちの原理で $\lim_{h \to 0}(x+h)^p = x^p$ が得られて，これが連続性の定義でした．

残りの $p < 0$ の場合は，いま証明した $p > 0$ の場合の逆数になっているので，定理 3.4.5 の (3) を使えばわかります．

単調性については，p が有理数の場合には定義からただちにわかります．すると p が一般の実数の場合にも，$p_n \to p\ (n \to \infty)$ となる有理数列を使えば，$x \leq y$ に対して

$$x^p = \lim_{n \to \infty} x^{p_n} \leq \lim_{n \to \infty} y^{p_n} = y^p$$

なので単調増加です．　□

MEMO　上の命題の単調性について，実際には狭義単調であることがわかります．しかし，それをここで直接証明するのは少し手間がかかるのと，7.2 節で計算した微分からもわかるので，ここでは追求しません．ただしその微分の計算には式 (7.3)を使っていて，

以下でそれを証明するのに「$p>0$ のとき $x\mapsto x^p$ が単調増加であること」を使うので，ここで示しておきました．

ここまでに示した指数関数と冪関数の連続性や単調性を使って，初等関数の微分を計算したときに認めて使った式 (7.3)を証明することができます．

[式 (7.3) の証明]　まず，$h>0$ の場合を考えます．$\frac{1}{n+1}\leq h<\frac{1}{n}$ となる $n\in\mathbb{N}$ を取ると，この節で示した指数関数と冪関数の単調性から

$$\left(1+\frac{1}{n+1}\right)^n \leq (1+h)^n \leq (1+h)^{1/h} \leq (1+h)^{n+1} \leq \left(1+\frac{1}{n}\right)^{n+1} \quad \text{(C.10)}$$

となります．ここで，$0<h<\delta$ のとき $n+1>\frac{1}{\delta}$ であることに注意すると，任意の $\varepsilon>0$ に対して $\delta>0$ を十分小さく取ることで，

$$\left|\left(1+\frac{1}{n}\right)^n - e\right| < \varepsilon,$$
$$\left|\frac{n}{n+1}-1\right| < \varepsilon$$

となるようにできます．このとき，式 (C.10)の左辺について，指数法則と再び単調性を使うと

$$\begin{aligned}\left(1+\frac{1}{n+1}\right)^n &= \left(\left(1+\frac{1}{n+1}\right)^{n+1}\right)^{\frac{n}{n+1}}\\ &\geq (e-\varepsilon)^{1-\varepsilon}\end{aligned}$$

が得られます．式 (C.10)の右辺に対しても同じ議論ができます．さらに $h<0$ のときも，$-\frac{1}{n}<h\leq-\frac{1}{n+1}$ となる $n\in\mathbb{N}$ を取れば

$$\left(1-\frac{1}{n+1}\right)^{-n} \leq (1+h)^{-n} \leq (1+h)^{1/h} \leq (1+h)^{-n-1} \leq \left(1-\frac{1}{n}\right)^{-n-1}$$

となって，後の議論は同様です．

そうすると任意の $\varepsilon>0$ に対して，$\delta>0$ を十分小さく取れば，すべての 0 でない $h\in(-\delta,\delta)$ に対して

$$(e-\varepsilon)^{1-\varepsilon} \leq (1+h)^{1/h} \leq (e+\varepsilon)^{1+\varepsilon}$$

となります．最後に指数関数と冪関数の連続性によって，ε を小さくすれば左辺と右辺はいくらでも e に近づけられるので，

$$\lim_{h \to 0}(1+h)^{1/h} = e$$

が示されました. □

Column　指数関数の定義に実数のどの性質を使うか

指数関数を定義するときに，まず有理数の冪に対しては指数法則を仮定として要請して，実数に拡張するときには「コーシー列は実数の中に極限をもつ」という性質を使いました. 一方で，補題 C.2.2 の (1) で示したように，有理数に制限した指数関数は単調なので，「有界な単調増加列は実数の中に極限をもつ」という性質を使ってもよさそうです. 実際，こちらのほうが必要な性質（単調性と有界性）の確認は簡単で，この方法を採用する微積分の本が多数派です.

しかし，高校の数学の教科書での指数関数の説明は，単調性よりは連続性に軸足を置いているように見えるので，それに沿った議論ができることを確かめることには意味があると思います. また，このように指数関数を定義する方法には，実数のように順序を備えていない空間でも成り立つ一般的な定理「完備距離空間の稠密部分集合で一様連続な関数は，空間全体に連続に拡張できる」の雛形という意味があるので，本書では順序を前面に出さない議論をしてみました.

あとがき

大学の図書館や理工系の本を扱っている書店に行けば，圧倒されるほど多数の微積分の本を見ることができます．そんな状況で新しく本を出版するのには，それなりの理由が必要です．そこで本書を書いた理由を，ここで少し説明しておきます．要約すると，主に以下の四つの点を重視して書きました：

(1) より進んだ数学のための準備にあたる内容は最小限に留める，
(2) 微分と積分が絡み合って有用な理論が展開されることを強調する，
(3) 実数の概念や極限の定義を見直すことについて，その論理的な重要性よりは機能性を強調する，
(4) 高校までの数学で証明せずに認めていたことを，できるだけ主張はそのままに証明を与える．

それぞれについて，他書との比較という観点で説明します．

(1) 微積分の理論を基礎から詳しく解説した本には，多くの概念が現れます．たとえば，実数の連続性の多数の同値な言い換え，実数の部分集合の上限・下限，開集合・閉集合，集積点，関数の半連続性，といったものが挙げられます．これらは，より進んだ数学を学ぶときには知っておくと役に立つ概念で，それらに早くから触れさせようという意図で書かれているのだと思います．しかし，微積分の理論展開に限ると，必要ではない概念も数多くあります．数学を専門としない方が，微積分の理論的基礎に興味をもって学ぶ場合には，将来使う可能性の低い多数の概念を学ぶのは負担ではないかと思います．そこで，本書では理論の展開に必要ではない概念は，できるだけ導入せずに済ませるようにしました．

(2) 微積分の多くの本は，積分より先に微分を導入し，導関数を使って元の関数の性質を調べる際には平均値の定理を使います．この方法は微分だけで話が完結するようで単純に見えますが，平均値の定理の証明が大変であるという問題もありま

す．具体的には，最大値・最小値の存在定理からロル (Rolle) の定理を経由して平均値の定理に至るのが常道なのですが，最初の最大値・最小値の存在定理の証明が，関数の連続性に加えて定義域と値域の両方で実数の連続性を使う，やや難しいものになります．さらに，これは微積分というより位相数学に属する定理であるために，それが微分の理論で重要な役割を果たすということがやや飲み込みにくいという事情もあると思います．本書では，積分を先に定義して微積分学の基本定理を示すことで，微分を使って関数の性質を調べるときに積分を積極的に使うことにしました．この方針は,「基本定理」がその名のとおり理論で基本的な役割を果たすことが納得できるという利点のほかに，技術的にもテイラーの定理の剰余項が明示的に積分で表示できるという利点もあります．この方法の欠点としては，ハイネ－ボレルの被覆定理という位相数学に属する難しい結果に何度も頼ることがあります．しかし上のようにいくつもの結果を経由するのではなく，割と直接的に使うので，少なくともその必要性は明解です．また，この定理を雛形とするコンパクト性の現代数学における重要性を考えても，これを積極的に使う微積分の本が一つはあってもよいと思います．

(3) 日本語で書かれた微積分の本には，とくに最初の実数や極限について述べる際に厳密性を強調するものが多く，少し行き過ぎではないかということが気になっていました．これには背景があって，18 世紀から 19 世紀に微積分学の基礎をめぐる混乱と論争があって，その雰囲気を受け継いでいるのです．論争の詳しい内容は数学史の本などを参照してもらうとして [†1]，結局はやや曖昧だった用語の定義などを見直すことによって混乱が収束したので，微積分の本ではとくに厳密性を強調する傾向があるのです．しかし，たとえばそれが高校で学んだ数学を批判する形になると，やや重苦しい雰囲気になるのは確かですし，微積分の本の中で「厳密である」とはどういうことかが説明されるわけでもないので，読者を不必要に怖がらせている面もあると思います．もう論争からは長い時間が経っているので,「何が悪かったのか」よりは「何がよかったのか」に軸足を移して微積分の教え方を考えてもよいのではないかと思います [†2]．たとえば極限の現代的な定義は，それが厳密な理論展

[†1] 微積分の歴史に触れつつ数学的な内容も楽しめる本として，W. Dunham（訳：一樂重雄，實川敏明),『微積分名作ギャラリー』（日本評論社）があります．

[†2] 実は半世紀以上前に，森毅が「微積分の七不思議」という記事（『新版 数学プレイ・マップ』（筑摩書房）に所収）で同じ主張をしているのですが，そういう方針の本はまだ少ないと思います．

開に向いていたからというだけではなく，関数の挙動などを定量的に記述する機能に優れていたからいまでも使われているのだと思います．そこで本書では積分の定義を主題にして，振り子の周期や楕円の周の長さといった具体的な問題を解決するのに，実数の概念や数列の収束の定義を見直すことが「役に立つ」という視点を強調してみました．

(4) 微積分の本では，高校までの数学で学んだことを異なる方法で導入することがあります．たとえば実数の扱いは，天下り的に「実数の連続性」を公理として導入して，それを満たす数体の存在まで保証する場合はデデキントの切断で有理数から構成する，という形式がほとんどです．これは高校までの数学で獲得した実数概念との隔たりが大きく，学ぶ側にとっては受け入れにくいようです．また別の例として，いくつかの微積分の本で採用されている初等関数の扱いを見てみると，

- $\log x = \int_1^x \frac{1}{t}\,\mathrm{d}t$ と定義し，その逆関数として e^x を定義する，
- $\sin x = \sum_{n=0}^{\infty} \frac{1}{(2n+1)!}(-1)^n x^{2n+1}$, $\cos x = \sum_{n=0}^{\infty} \frac{1}{(2n)!}(-1)^n x^{2n}$ と定義する

などがあります．これらの定義に問題があるわけではありませんが，高校までの数学で与えられていた説明と違っているのは事実です．まずこれらの方法を擁護しておくと，デデキントの切断も，積分による対数関数の定義も，無限級数による三角関数の定義も，理論を展開するうえで非常に効率的なのです．微積分の本は，大抵はそれに基づいて講義をするために書かれるので，あまり非効率な方法は採用できないのだと思います．しかし高校までの教科書でされていた説明が正当化できないのかが気になるのは自然なことなので，本書では実数については慣れ親しんだ十進小数展開をそのまま使い，指数関数・三角関数についても高校の数学の教科書の説明をそのまま正当化する方針で定義や性質を議論しました[†3]．本書の読者は，高校までの数学で学んだことに重大な間違いはなかったと安心できるとともに，他書の方法が効率的であるということも理解できるのではないかと思います．

なお，積分の定義だけは高校の数学の教科書とはまったく違う定義を与えましたが，それは第 1 章で理由も含めて説明したので，読者は理解されていることでしょう．実際のところ，日本の高校教育においても 1960 年くらいまでは積分は区分求

[†3] 時折，これが不可能であるというような言明を見かけるのは残念なことです．たとえば前出の森毅「微積分の七不思議」では，$\frac{\sin x}{x}$ の $x \to 0$ の極限について，「面積が使ってあればまずインチキだろう」と書いてあります．

積法の極限として定義するのが標準的だったようです[†4]．しかし，そのためには極限の取り扱いなどに慣れておく必要があり，それを高校2年生に要求するのは難しいという議論があって，1970年くらいには「積分は微分の逆演算」とする定義が定着したようです．区分求積法が高校生に難しすぎるかという点にはやや疑問が残りますが，ともかくいまの高校の教育はそうなっているので，それを区分求積法に基づく定義に直しておくことは，ある意味では最大の，概念的なレベルでの伏線回収ともいえるわけです．

[†4] 金子真隆，積分概念の導入に関する教科書調査について，東邦大学教養紀要，第46号，2014.

参考文献

[1] 森毅，微積分の七不思議，『新版 数学プレイ・マップ』（筑摩書房）所収
微積分教育の問題点について，1958 年に書かれた記事です．それから長い時間が経っていますが，微積分教育にはあまり影響を与えなかったようです．筆者もすべてに同意するわけではありませんが，本書は思想と内容の両面で影響を受けています．

[2] R. Courant，H. Robbins（監訳：森口繁一），数学とは何か，岩波書店
これは数学の広い話題について，日本の高校生くらいが少し背伸びすれば理解できるように書かれた面白い本です．微積分についての内容は全体の 1/3 くらいですが，とくに実数を「十進無限小数の全体」と考えることの理念的な問題点を指摘して，別の方法と比較しているところなどは参考になると思います．

[3] 原隆，実数の構成に関するノート，著者のウェブサイトで入手可能．
`https://www2.math.kyushu-u.ac.jp/~hara/lectures/19/biseki01a-web.html`
実数の構成について，デデキントの切断による方法とコーシー列の同値類による方法の両方が書かれたノートです．このノートの参考文献から，実数の構成に関する日本語の文献をたどることもできます．

[4] 新井仁之，ルベーグ積分講義，日本評論社
これは 9.5 節で扱った図形の面積について，より近代的なルベーグによる定義を紹介し，その解析学への応用をかなり進んだ話題まで紹介する本です．ジョルダンによる面積の概念も第 1 章と付録 E に述べられていて，本書で証明しなかった事実などが学べます．

[5] 梅田亨，森毅の主題による変奏曲（上・下），日本評論社
数学に関するいろいろな話題について，森毅という数学者の書いたことを出発点に掘り下げて書かれた本です．微積分に関連する内容も多く，たとえば本書で扱わなかった平均値の定理について，違った角度からの興味深い論考が含まれています．

[6] W. Dunham（訳：一樂重雄，實川敏明），微積分名作ギャラリー，日本評論社
微積分の歴史について，登場人物を年代順に 13 人選んで，その貢献に沿って紹介するという趣旨の本です．それぞれの人物の貢献について数学的な内容にかなり踏み込んで書かれているので，単なる歴史の読み物としてではなく，数学の本として楽しめます．あとがきで触れた，微積分に関する論争についても詳しく書かれています．

索　引

あ行

一様連続 …… 46
WolframAlpha …… 91
円周率 …… 137
オイラーの式 …… 107

か行

数の記号 ℕ, ℤ, ℚ, ℝ …… 13
関数の極限の性質 …… 51
関数の極限の定義 …… 49, 50
関数の単調性 …… 68
関数の定義 …… 37
関数の有界性 …… 45
関数の連続性 …… 42, 44
ガンマ関数 …… 123
逆関数の微分 …… 88, 161, 162
逆三角関数 …… 100
曲線の長さの定義 …… 131
区分求積法 …… 52
高階微分 …… 65
広義積分 …… 117
広義積分の絶対収束 …… 121
コーシー列 …… 32

さ行

三角不等式 …… 13
実数の距離 …… 13
実数の大小関係 …… 12
実数の定義 …… 11
実数の連続性 …… 26, 33
収束列の性質 …… 20
定規関数 …… 38
ジョルダン可測 …… 141
数列の収束 …… 17, 18
数列の単調性 …… 25
数列の有界性 …… 25

た行

置換積分公式 …… 89, 156
中間値の定理 …… 159
テイラー級数 …… 106
テイラーの公式 …… 93
導関数 …… 65

は行

ハイネ–ボレルの被覆定理 …… 76, 151
はさみうちの原理（関数） …… 51
はさみうちの原理（数列） …… 23
微積分学の基本定理 …… 69
微分と四則演算 …… 86
微分の定義 …… 65
部分積分公式 …… 90
ベータ関数 …… 123

ま行

面積確定 …… 141
面積の定義 …… 141

や行

有限次のテイラー展開 …… 94

ら行

ライプニッツ則 …… 112
ランダウの記号 …… 82
リーマン積分の性質 …… 55
リーマン積分の定義 …… 55
リーマン和 …… 55
ルベーグによる積分論 …… 80
連鎖律（合成関数の微分） …… 87
ロピタルの定理 …… 99

著者略歴
福島竜輝（ふくしま・りょうき）
2008 年　京都大学大学院理学研究科博士後期課程修了
2010 年　東京工業大学理工学研究科助教
2012 年　京都大学数理解析研究所講師
2016 年　同准教授
2020 年　筑波大学数理物質系准教授
2023 年　同教授
現在に至る
博士（理学）

授業では教えてくれない微積分学

2024 年 11 月 22 日　第 1 版第 1 刷発行
2024 年 12 月 26 日　第 1 版第 2 刷発行

著者　福島竜輝

編集担当　福島崇史（森北出版）
編集責任　上村紗帆（森北出版）
組版　藤原印刷
印刷　同
製本　同

発行者　森北博巳
発行所　森北出版株式会社
〒102-0071　東京都千代田区富士見 1-4-11
03-3265-8342（営業・宣伝マネジメント部）
https://www.morikita.co.jp/

ISBN978-4-627-07911-3